L'accueil des publics scolaires dans les Muséums

sous la direction de Yves Girault

L'accueil des publics scolaires dans les Muséums

Aquariums, Jardins Botaniques, Parcs Zoologiques

L'Harmattan
5-7, rue de l'École-Polytechnique
75005 Paris
FRANCE

L'Harmattan Hongrie
Hargita u. 3
1026 Budapest
HONGRIE

L'Harmattan Italia
Via Bava, 37
10214 Torino
ITALIE

Les auteurs

Cora Cohen, Catherine Coulon, Cécile Fortin-Debart, Jeannine Geyssant, Yves Girault, Sophie Grisolia, Annelise Heitz, Françoise Lemire, Gaud Morel, Sandrine Naveau-d'Eggis, Fabienne Noé sont tous impliqués depuis de nombreuses années dans le développement d'activités de partenariat écoles-musées.

ISBN : 2-7475-5108-3

SOMMAIRE

INTRODUCTION

Yves Girault[1]

De quelle façon prend-on en compte les intérêts des élèves dans le cadre de l'appropriation des savoirs scientifiques dans les espaces muséaux ? Il s'agit d'une question à laquelle notre équipe avait cherché à répondre dans le cadre d'un appel d'offre du Ministère de la Recherche[2]. En reprenant et actualisant les principaux éléments de cette recherche bibliographique, cet ouvrage collectif analyse, dans un contexte international, la nature de l'offre des musées d'histoire naturelle dans le domaine éducatif. En France, les dispositifs de diffusion de la Culture scientifique et technique ont connu, depuis les années 80, un développement sans précédent : création d'un réseau croissant de CCSTI (35 à ce jour), de 9 Écomusées, de 18 Centres Permanents d'Initiation à l'Environnement, de 7 Parcs Naturels, rénovation des grands Musées nationaux à Paris, et de Muséums d'Histoire Naturelle de province et / ou modernisation d'aquariums, jardins botaniques, et parcs zoologiques... On peut donc considérer que l'offre muséale s'est considérablement diversifiée durant ces toutes dernières années et que, même en région, il existe un réel réseau de structures scientifiques qui proposent des projets de partenariat avec le monde scolaire.

---

[1] Professeur au Muséum national d'Histoire naturelle, directeur de l'Unité scientifique du Muséum Muséologie et médiation des sciences, responsable du DEA du Muséum : muséologie sciences société.

[2] Girault Yves. (Dir.) 2000 Prise en compte des intérêts des élèves dans le cadre de l'appropriation des savoirs scientifiques dans les espaces muséaux. Rapport de recherche Comité national de Coordination de la recherche en Education, 316 p.

C'est l'étude même des conditions qui donneraient à l'ouverture de ces établissements une efficacité éducative qui est au cœur de cet ouvrage collectif qui s'articule en deux parties.
Dans la première partie nous nous attachons à décrire la variété de l'offre des musées scientifiques axés sur l'histoire naturelle. Sans prétendre effectuer un historique exhaustif de la muséologie scientifique, Yves Girault souhaite attirer l'attention du lecteur sur le fait que depuis leur création au XVe siècle, les musées puis les expositions depuis le XXe siècle, mettent en scène un parti pris épistémologique. Ce constat doit conduire les visiteurs, et notamment les enseignants, à appréhender les expositions permanentes et temporaires de ces divers établissements avec des objectifs pédagogiques qui soient en adéquation et/ou en résonance avec les présupposés épistémologiques et didactiques des expositions visitées ; d'où l'importance de les connaître.
En se basant sur l'analyse d'enquêtes et d'entretiens, Cécile Fortin Debart propose, par la suite, une typologie des approches d'Education Relative à l'Environnement privilégiées dans les musées. Cette clarification, basée sur la présentation d'exemples concrets, devrait aider les enseignants à construire au mieux leur stratégie éducative, en classe et au musée, et à faire des choix appropriés dans le cadre du partenariat.
Annelise Heitz et Yves Girault pour les Aquariums, Gaud Morel pour les Jardins botaniques et Sophie Grisolia et Françoise Lemire pour les Parcs zoologiques, prolongent cette réflexion en mettant clairement en évidence une évolution parallèle de ces trois types de structures muséales, au sein desquelles il est particulièrement intéressant de prendre conscience des présupposés pédagogiques des divers responsables, et du poids qu'ils accordent aux éléments de collection dans le cadre de la mise en place de l'offre pédagogique pour les scolaires. Tous ces auteurs ont mis à

profit leur bonne intégration professionnelle pour compléter et actualiser les recherches bibliographiques par des entretiens et ou des questionnaires auprès des établissements qui leur ont semblé les plus pertinents.

Dans la seconde partie de cet ouvrage, nous nous intéressons plus particulièrement aux publics spécifiques qui peuvent être concernés par ces divers établissements.
Jeannine Geyssant montre, tout d'abord, que les ministères de l'éducation nationale qui se sont succédés, conscients de cette richesse sous leur tutelle scientifique, ont mis en place différentes instances et pris des mesures pour favoriser la collaboration entre les institutions muséales scientifiques et le système éducatif, en mettant des enseignants à disposition de ces musées. Elle précise les fonctions de ces « professeurs relais » qui doivent mettre leur compétence éducative et leur connaissance du milieu scolaire à la disposition du service éducatif muséal. De fait, ce sont les intermédiaires permanents entre les musées, leurs conservateurs et leur personnel d'une part, et les enseignants d'autre part. Mais qu'en est-il de la nature des représentations que les enseignants ont sur les musées scientifiques ?
Les jeunes enseignants entrent dans leur profession avec, le plus souvent, comme seules expériences muséales liées à l'école, le souvenir de celles qu'ils ont vécues étant eux-mêmes élèves. Dans ce cadre, comment peuvent-ils aujourd'hui participer à la formation de « l'élève-visiteur », et donc dépasser le simple déplacement d'une classe au musée ? Pour répondre à cette question, Cora Cohen nous présente les principaux résultats d'une étude comparative portant sur les représentations des enseignants québécois et français en formation initiale dans le cadre de l'utilisation des musées. Ce travail porte, de façon plus spécifique, sur l'étude des représentations liées aux trois temps de la visite scolaire au musée (avant, pendant et après) : choix du musée,

objectifs des visites scolaires au musée, préparation de la visite, lien avec le programme scolaire, choix de la visite libre ou guidée, regard sur la relation Ecole/Musée. Ces travaux soulignent la nécessité de proposer une réelle formation en muséologie dans le cadre de la formation initiale des enseignants. Mais qu'en est-il du côté des élèves ?

Si nous pouvons affirmer que de nombreux enfants viennent pour la première fois au musée dans un contexte scolaire, nous ne pouvons malheureusement nier le fait que les groupes d'enfants très jeunes ne sont le plus souvent pas pris en compte au sein des établissements scientifiques. Comment alors prendre en considération ce jeune public et répondre à son attente tout en l'initiant aux sciences ? Fabienne Noé, tout en s'inspirant de travaux théoriques réalisés sur le développement psychogénétique du jeune enfant, analyse l'offre de quelques musées de sciences naturelles destinée à ce jeune public. Elle propose par la suite des pistes de réflexion pour faciliter l'accueil des enseignants des classes maternelles et la formation du visiteur qu'il soit enseignant, enfant, ou même parent.

Enfin, Sandrine Naveau-d'Eggis et Catherine Coulon nous proposent une analyse de l'offre pédagogique effectuée pour les élèves handicapés (malvoyants, sourds, débiles légers...) autant d'handicaps qui nécessitent une prise en charge spécifique. Tout en faisant ressortir les grandes règles à respecter en ce qui concerne l'accessibilité, elles soulignent que les réponses apportées se retrouvent, hormis quelques spécificités culturelles, de manière relativement similaire d'un pays à l'autre. Elles s'attachent également à souligner qu'en inscrivant la mise en accessibilité du musée dans une véritable politique globale de "confort" de visite pour tous, mais aussi en diversifiant les méthodologies d'approches pédagogiques et culturelles afin qu'elles soient adaptées aux besoins de chacun, l'accueil des enfants handicapés permet aux musées de mener une réflexion sur les moyens d'accéder aux collections et aux messages qu'ils véhiculent. Enfin l'une des conséquences qui n'est non des moindres, c'est que les musées qui entrent dans cette dynamique deviennent plus accessibles à tous les publics et en particulier aux enfants en difficultés scolaires.

Cette importante recherche bibliographique met d'une part en évidence la richesse des innovations pédagogiques qui sont réalisées dans les musées, mais elle souligne d'autre part la trop grande rareté de recherches didactiques ou évaluatives portant sur les présentations muséologiques et/ou les animations qui leurs sont liées.
Les visites dans les Muséums, aquariums, jardins botaniques, parcs zoologiques, sont encore trop souvent considérées soit comme de simples visites de fin d'année, soit comme une illustration du programme au détriment d'une approche plus culturelle. Gageons que cet ouvrage puisse apporter aux enseignants et professionnels des pistes de réflexion pour enrichir et diversifier ces sorties scolaires au sein des établissements muséaux.

Des établissements fort variés

Le musée de science : d'un parti pris épistémologique à la prise en compte des publics[3]

Yves Girault

« Le musée est une institution permanente, sans but lucratif, au service de la société et de son développement, ouverte au public, et qui fait des recherches concernant les témoins matériels de l'homme et de son environnement, acquiert ceux-là, les conserve, les communique et notamment les expose à des fins d'étude, d'éducation et de délectation ». Outre les « musées » désignés comme tels, sont admis comme répondant à cette définition (...) les institutions qui conservent des collections et présentent des spécimens vivants de végétaux et d'animaux telles que les jardins botaniques et zoologiques, aquariums, vivariums (...) les parcs naturels.[4]

Ainsi, les musées sont actuellement déterminés principalement par la coexistence de leurs fonctions de collecte, de recherche et de conservation. Qu'en était-il auparavant ?

Sans prétendre effectuer un historique exhaustif de la muséologie scientifique nous voulons, dans les lignes qui suivent, attirer l'attention du lecteur sur le fait que depuis leur création au XVe siècle, les musées[5], puis les expositions

---

[3] J'aimerais ici exprimer ma reconnaissance à Jean Marc Drouin pour l'enrichissement qu'il a apporté à la rédaction de cet article par ses commentaires critiques.

[4] Statuts adoptés par la 16e Assemblée générale de l'ICOM, (La Haye, Pays-Bas, 5 septembre 1989).

[5] En réalité ce n'est qu'au XVIIe siècle que le terme « musée » en référence à un lieu réservé à une collection s'est pleinement affirmé. Adalgisa

depuis le XXe siècle, mettent en scène un parti pris épistémologique. Compte tenu du rôle fondateur qu'a joué le Muséum national d'Histoire naturelle dans l'émergence des sciences de la nature, il est indéniable qu'à ses débuts son histoire se confond avec celle des musées de sciences, c'est la raison pour laquelle nous nous y attarderons quelque peu.

1. Le musée : une mise en scène d'un parti pris épistémologique

1.1. L'Histoire Naturelle : de l'inventaire à la classification

Si dès l'antiquité, des philosophes et des scientifiques examinent avec soin les plantes et les animaux pour présenter ensuite des descriptions des êtres, de leurs apparences, de leurs comportements, c'est à partir de 1550 que se répandent en Europe des cabinets de curiosités au sein desquels sont conservés coraux, fruits, animaux...

> *« De nombreux cabinets d'histoire naturelle ont pour principale vocation l'étude des plantes, des minéraux et des animaux à des fins médicales et pharmaceutiques, parmi les plus célèbres, celui de Conrad Gessner, médecin de Zurich, auteur d'une immense Histoire des animaux et spécialiste des fossiles (...) ou celui de Michele de Mercati, apothicaire du pape et garde du jardin botanique du Vatican » (Schaer 1993).*

Ces cabinets qui se sont développés jusqu'au XVIIIe n'étaient pas conçus comme de simple lieu de thésaurisation.

Lugli : (1998) Naturalia et Mirabilia. Les cabinets de curiosités en Europe. Ed. Adam Biro.p 94, 267 p.

La majorité d'entre eux était au contraire conçue pour y réaliser des démonstrations et des enseignements.
A la même époque, apparaissent, aux abords des facultés de médecine, d'abord en Italie (Pise 1543, Padoue 1545), puis dans le reste de l'Europe (Zurich 1560, Leide 1594), des jardins d'herbes médicinales[6]. « *Ainsi, le jardin de Florence, fondé en 1545, porte le nom - pieusement conservé jusqu'à nos jours malgré toutes les modernisations qui y ont été réalisées - de Giardino dei semplici* » (Drouin 1993). En France, le plus ancien est celui de Montpellier qui fut crée en 1593 par Richer de Belleval sous le règne d'Henri IV. En 1635, Louis XIII, crée le Jardin Royal des plantes médicinales. Il en confie la gestion à son médecin ordinaire Guy de la Brosse. Les tâches d'enseignement et de recherche sont alors assumées par les mêmes personnes qui oeuvrent au sein des trois laboratoires nouvellement créés : laboratoire d'anatomie, de botanique et de chimie (Laissus 1995). A partir de 1718, ce jardin va progressivement perdre sa spécificité médicale pour s'orienter plus directement sur l'Histoire naturelle et c'est en 1729 qu'il prend officiellement le titre de cabinet du Roi. Sous le règne de l'intendant Georges Louis Leclerc de Buffon (1739 à 1788), la superficie du jardin va doubler et les collections vont s'enrichir. Ainsi, de 1750 à 1809, les surfaces d'exposition vont passer de 250 m², à 3000 m² (Bourdier 1962). Cette augmentation très importante des collections implique et traduit une augmentation tout aussi importante des connaissances scientifiques, qui à l'époque, étaient basées presque exclusivement sur la description des plantes et des animaux, pour la biologie[7]. En effet, à partir du XVIIIe siècle, les naturalistes découvrent des collections de plus en

---

[6] Cf dans le même ouvrage l'article de Gaud Morel : « l'accueil du public scolaire dans les Jardins botaniques ».

[7] Il y avait également des travaux en physique, chimie et astronomie.

plus importantes rassemblées par les grands voyageurs naturalistes tel Joseph Pitton de Tournefort, médecin botaniste au jardin du Roi qui fut envoyé par Louis XIV au Levant.[8] De nombreux naturalistes suivent son exemple[9], citons Jean André Peyssonnel qui va découvrir en 1725 la nature animale du corail, Charles Sonnini de Manoncourt qui ira en Guyane de 1772 à 1774 et pour la deuxième fois de 1777 à 1780, avant de se rendre en Egypte, en Turquie et en Grèce. Nous pouvons citer également Joseph de Jussieu (1704-1779), frère d'Antoine, qui vivra 35 ans au Pérou espagnol, et Pierre Sonnerat (1748-1814) qui effectuera pour sa part plusieurs séjours en Inde aux Mascareignes desquels il ramènera de très nombreuses collections de Zoologie tel le pigeon de l'Ile Maurice (Laissus 1995).
Ces découvertes, qui accroissent constamment le nombre des espèces connues, ont conduit progressivement les naturalistes à élaborer des classifications des plantes et des animaux qui étaient basées sur l'étude de nombreux dessins de voyage, de planches d'herbiers, et sur de nombreuses observations effectuées sur des plantes cultivées et introduites. L'adhésion des scientifiques à ces nouvelles classifications va tout naturellement avoir une retombée sur la restructuration des jardins. Ainsi, Tournefort, avant même de publier ses propres travaux, va abandonner en 1683 la présentation médicinale, et organiser les plantations, au sein du jardin, en fonction de sa propre conception de la classification des systèmes naturels. Bernard de Jussieu, qui meurt en 1777, dispose

---

[8] Joseph Pitton de Tournefort. La relation d'un voyage au Levant. 1717

[9] Pour plus d'informations à ce sujet cf « De Linné à Darwin : les voyageurs naturalistes ». Jean-Marc Drouin dans *Eléments d'Histoire des sciences*, Michel Serres (dir.) Ed. Bordas Cultures 321-335. On peut également se reporter à un ouvrage de vulgarisation relativement riche sur cette question : le livre d'Yves Laissus : Le Muséum national d'Histoire naturelle. Découverte Gallimard. 1995.

pour sa part le jardin du Trianon suivant une classification naturelle dont s'inspire et à laquelle se réfère son neveu Antoine-Laurent de Jussieu, quand il publie en 1789 le « Genera plantarum ».

> *« Une classification de ce type (...) résume une connaissance de la morphologie végétale ; pour de Candolle elle constitue la base de l'histoire naturelle vraiment rationnelle. Conçu suivant la méthode naturelle, le jardin reflète, par son organisation spatiale, le découpage systématique des classes, des familles, des genres »* (Drouin 1993).

Qu'en était-il à cette époque de la présentation des animaux au sein des ménageries ? Ces présentations dépendaient-elles exclusivement de l'avancée des connaissances sur la classification animale ? Le contexte des ménageries est en réalité plus complexe, car beaucoup plus ancien. Selon Lacépède (1801) « *une ménagerie générale se trouve pour ainsi dire successivement établie par le besoin du chasseur-guerrier, l'orgueil du dominateur, la curiosité du savant et le dévouement du citoyen.* ». Il en vient donc à décrire quatre sortes de ménageries correspondant à quatre étapes successives du développement de la civilisation. Il s'agissait dans le premier cas de réunir dans de grands enclos des animaux destinés à la chasse ou au combat. Par la suite, certains monarques souhaitaient symboliser leur puissance par la présentation de fauves redoutables. « *Après que les succès militaires d'un peuple lui procuraient indépendance, prospérité et loisir (...), une troisième sorte de ménagerie inspirée par la curiosité, voyait le jour. Dans ce cas des espèces rares étaient réunies aux côtés des deux premières sortes de ménageries* ». Enfin Lacépède décrit la dernière sorte de ménagerie, celle à laquelle il aspirait profondément pour le jardin des plantes :

> *« La quatrième sorte, la plus avancée, était l'effet du dévouement du citoyen. Les progrès constants de la civilisation éveillaient de nouveaux besoins (...) qui conduisaient à leur tour l'homme à s'efforcer de perfectionner les races d'animaux qui lui étaient utiles ».(* Cité dans Richard, Burkhardt 1997).

Lacépède, en reprenant des affirmations courantes sur l'utilité des ménageries, *« se faisait le défenseur des ménageries sur le plan du pouvoir moral des images de la nature. Il insistait sur le fait que les ménageries pouvaient élever la moralité des gens qui les fréquentaient, et également que les ménageries reflétaient l'état de civilisation des peuples qui les créaient et les géraient »* (Richard, Burkhardt 1997). Très marqué par les travaux des philosophes sensualistes comme Locke[10], Condillac[11], Rousseau[12], il publia en 1790 ses vues sur l'enseignement public[13]. Selon Hahn (1997), sans préciser ouvertement que cet enseignement pouvait se dérouler au sein du jardin des plantes, Lacépède *« l'imaginait comme l'un des sites privilégiés pour exposer aux jeunes des échantillons de la beauté de la nature, en leur faisant visiter les serres et les ménageries qu'un jardin idéal devait renfermer ».*

---

[10] Locke 1695 Quelques pensées sur l'éducation, 1693, traduit en Français par P. Coste.

[11] Condillac émule et rival de Locke en philosophie a écrit un ouvrage important, son « Cours d'étude » qui est le recueil des leçons qu'il avait composées pour l'éducation de Ferdinand, petit fils de Louis XV, de qui il devint le précepteur en 1757.

[12] Rousseau J. J. 1762 Emile.

[13] Lacépède B 1790 Vues sur l'enseignement public, Paris : Desenne, pp. 5-6.

Prenant en considération le fait que :

- d'une part de 1800 à 1840, durant ce que l'on peut considérer comme l'âge d'or du Muséum, les professeurs du Muséum, membres de l'Académie des sciences, parfois même de l'Académie de médecine, du Collège de France, de l'Ecole des mines, régnaient sur les sciences de la Nature
- d'autre part, les deux frères, Georges et Frédéric Cuvier, responsables de la Ménagerie de 1803 à 1837, sont pour leur part très influents dans l'instruction publique, y compris au sein des lycées qui sont créés en 1801 (Laissus 1995), on peut mieux comprendre les projections que Lacépède faisait sur les rôles des institutions scientifiques en Province.

> *« Il envisageait que chaque centre urbain de la France (chaque chef-lieu de département) aurait son petit jardin avec son cabinet d'objets de la nature pour illustrer les leçons d'histoire naturelle, et que les jeunes seraient aussi conduits dans la campagne pour admirer la nature sur place »* (Hahn 1997).

Nous pensons même que cet engagement profond, tant dans la recherche qu'à tous les niveaux de l'éducation des principaux responsables du muséum, est l'une des raisons fondamentales pour lesquelles, *« les réorganisations successives des galeries effectuées pendant le XVIII*^e^ *siècle traduisent autant qu'elles alimentent, les nouvelles idées scientifiques liées au développement de la systématique et des règles de classification »* (Van Praët 1996). Ainsi, dans le sillage de ce que les botanistes ont initié, les présentations muséologiques des galeries vont pour la première fois s'effectuer en fonction des trois règnes, puis au sein de ceux-ci, en fonction des classes, des genres et des espèces (galerie de minéralogie 1841, de géologie et de botanique). Cette mutation semble plus importante au sein même de la ménagerie du jardin des plantes et son responsable, Frédéric

Cuvier, va inaugurer successivement, la fosse aux ours (1805), la rotonde des herbivores (1812), la loge des animaux féroces (1821), la volière des rapaces (1825), la faisanderie (1827), le Palais des singes (1837).

> « *Un thème donc commun reliait des pratiques du XIX*[e] *siècle aussi diverses que les muséums, les zoos, les jardins botaniques, les expositions universelles les dioramas (...) c'était l'idée et l'idéal d'un inventaire visuel encyclopédique du monde* » (Corbey 1997).

Ce nouveau contexte de présentation des collections, basée sur la systématique, va également s'appliquer au sein des premiers aquariums tels Arcachon (1865) et Banyuls (1883).

1.2. De l'étude de la variabilité à l'acclimatation des espèces animales et végétales

Nul ne peut nier à ce jour que le désir de connaître, de contrôler, de s'enrichir vont souvent de pair ; il en est ainsi de l'aventure scientifique. Ainsi, Guy Crescent Fagon, premier médecin du Roi, et à ce titre en charge de la direction du jardin des plantes à partir de 1673, va en favorisant l'importation et l'acclimatation des plantes exotiques, diversifier les rôles et fonction des jardins botaniques. C'est ainsi qu'il fit construire en 1714 une serre chaude pour acclimater le premier pied de caféier offert par les Hollandais.
Malgré les propositions de Lacépède (1801) pour développer au sein de la ménagerie du Muséum l'acclimatation des animaux sauvages, il faudra attendre presque un siècle et demi, sous l'influence d'idées liées à la variabilité des espèces, pour qu'Isidore Geoffroy St-Hilaire

fonde, en 1854, la société zoologique d'acclimatation[14]. Cette société a pour objectif « *l'acclimatation d'animaux exotiques en France et dans les colonies pour des raisons agricoles, récréatives et esthétiques* (Osborne 1997).
De fait, les autorités gouvernementales prenaient progressivement conscience des intérêts économiques qu'elles pouvaient tirer de ces avancées scientifiques.

> *« Il en existe un exemple significatif dans la contribution des jardins botaniques royaux de Kew à l'expansion et à la prospérité de l'Empire britannique, avec l'amélioration des méthodes d'exploitation de cultures commerciales comme le sisal et le caoutchouc » (Corbey 1997).*

A ses débuts, sous l'impulsion de son fondateur, cette société put recruter de très nombreux membres (plus de 2000), et obtint le patronage de Napoléon III, ce qui lui permit d'ouvrir son propre jardin d'acclimatation en 1861.

> *« C'est un jardin zoologique d'un ordre nouveau que nous avons à créer au bois de Boulogne, le jardin d'application des espèces animales qui peuvent donner*

---

[14] Ainsi, Carl Von Linné fit des expériences d'hybridation en 1759 sur le salsifis sauvage (*Tragopagon pratense*) et le salsifis cultivé (*Tragopagon porrifolium*). Fondamentalement fixiste, il introduit l'idée que l'hybridation est à l'origine de la création d'espèces nouvelles dans la nature. Joseph Gotlieb Kœbieuter (1733-1806) parvient pour sa part à montrer que quand les hybrides ne sont pas stériles, leurs descendants tendent à reprendre l'aspect des ancêtres. Thomas Andrew Knight (1759-1838) démontra "la grande stabilité des variétés de pois, son cycle de vie annuel et les caractères de forme, de taille et de couleurs qui distinguent ses diverses variétés". Enfin, la principale innovation de Mendel fut de déceler un phénomène aléatoire dans le cas de la répartition des caractères d'un hybride (1866). Cf Girault Y., Girault M. L'aléatoire et le vivant . Presses de l'Université Laval, Québec, 2003.

*avec avantage leur chair, leur laine, leurs produits de tout genre, à l'agriculture, à l'industrie, au commerce ; encore, utilité secondaire, mais très digne aussi qu'on s'y attache, qui peuvent servir à nos délassements, à nos plaisirs, comme animaux d'ornement, de chasse ou d'agrément à quelque titre que ce soit » (*Geoffroy Saint-Hilaire, 1861).

Osborne (1997) souligne à ce propos que de par les études qui ont été effectuées sur les animaux exotiques à la ménagerie du Muséum et au jardin d'acclimatation du Bois de Boulogne, *« ces deux institutions ont apporté une contribution considérable à notre connaissance de la présentation, de la conservation et de l'élevage des organismes exotiques. »* (Osborne 1997). On peut d'ailleurs considérer qu'à cette époque, les grandes institutions zoologiques étaient souvent liées aux sociétés d'acclimatation. Il en est ainsi de « l'Acclimatisation society of Great Britain (1860-1866) », qui tenta d'acclimater les espèces étrangères dans un but utilitaire.

*« La présence d'humains exotiques derrière les barreaux (...) ou encore les centaines d'indigènes ramenés en Europe par Carl Hagenbeck de Hambourg, n'avaient rien d'exceptionnel. Le discours sous-jacent était celui de la sauvagerie et du contrôle, de l'apprivoisement et de la domestication, un discours très proche de celui qui est encore si évident dans les numéros de cirque. » (*Corbey, 1997).

On peut donc considérer qu'au sein de ces parcs zoologiques d'acclimatation, il existait toujours une concordance parfaite entre les objectifs de la collection et ceux de la présentation aux publics. A contrario, comme nous allons le préciser, la théorie évolutionniste de Darwin va bouleverser non seulement le monde scientifique, mais également les modes de présentations muséologiques ; mais revenons quelque peu en arrière.

1.3. La prise en compte des idées évolutionnistes, ou la transformation d'une muséologie d'objets en une muséologie d'idées

Parallèlement aux travaux décrits sur la classification naturelle, est née sous l'impulsion de Buffon, l'idée d'une histoire de la vie, plongée dans l'immensité de l'histoire de la terre. Lamarck, dans son ouvrage *Philosophie zoologique* 1809, est le premier auteur qui propose une théorie de l'évolution. La conception fixiste des espèces commence donc à être mise en doute pour faire progressivement place à une conception dynamique et évolutive. Cuvier, qui était fixiste, fut néanmoins le promoteur de l'anatomie comparée et le fondateur de la paléontologie des vertébrés, discipline qui va apporter, en s'appuyant sur le principe de corrélations des formes, un concept clé, celui du plan d'organisation des vertébrés qui sera utilisé à son insu pour théoriser la pensée évolutionniste. Enfin, Étienne Geoffroy Saint-Hilaire, défenseur de la théorie de l'unité de composition organique des êtres vivants, apportera une dernière pierre aux prémisses de la théorie de l'évolution qui sera formalisée par Darwin dans : *l'origine des espèces* 1859. Dans cet ouvrage on peut découvrir la première phylogénie qui traduit la filiation des espèces telle qu'elle était connue à cette époque.

> *« Pearce (1989) montre avec l'exemple du Pitt Rivers Museum d'Oxford, comment la théorie de Darwin, en modifiant les conceptions en anthropologie et en ethnologie, a changé les conceptions muséologiques. Ouvert à partir de 1883, le pitt Rivers Museum ne présente pas de collections rangées par origine géographique, mais selon une typologie des objets. »* (Van Praët, 1989).

Malheureusement en France, suite à une situation conflictuelle, la galerie de Zoologie ouvrira ses portes à Paris en 1896, sans évolution muséologique forte, et surtout sans tenir compte des idées évolutionnistes.

> « *La question de l'unité du discours n'est pas posée, car la nouvelle galerie est essentiellement construite pour agrandir l'espace disponible et permettre un classement systématique des collections et ce sans que le public soit un enjeu du projet* » (Van Praët, Démaret, Drouin 2000).

Cependant, les partis pris des divers protagonistes vont progressivement évoluer et deux années plus tard, les galeries de paléontologie et d'anatomie comparée vont s'ouvrir.

> « *Cette Galerie témoigne, encore aujourd'hui, de l'une des premières expositions scientifiques permanentes conçues selon le concept moderne de la trame narrative : à travers une succession de fossiles témoins des temps géologiques, la scénographie induit volontairement un parcours de visite qui constitue le premier niveau d'approche pour le visiteur* ». (Van Praët, Démaret, Drouin 2000).

Le type de présentation muséologique retenu traduit en réalité le premier tournant majeur au niveau de l'évolution de la muséologie des sciences. Il s'apparente à ce que Allan (1952), directeur du Royal Scottish Museum d'Edimbourg, a qualifié de passage du musée d'objets au musée d'idées, « *c'est à dire de l'identification à l'interprétation, du vieux musée de collections au musée éducatif moderne* ». Cette dénomination sera reprise ultérieurement par Van Praët M. en 1988.

De façon concomitante, les scientifiques commencent également à utiliser l'exposition pour légitimer leurs travaux. Il en est ainsi des grandes expositions temporaires sur les collections du Père David (1874), plus encore sur l'exposition consacrée aux campagnes océanographiques du Travailleur et du Talisman (1884), exposition réalisée notamment dans le but d'obtenir de nouveaux budgets pour financer ces campagnes.

> « *Les visiteurs pouvaient voir les appareils-dragues, sondes, thermomètres - utilisés par les chercheurs embarqués et les nombreux échantillons en bocaux des animaux recueillis jusqu'à 5000 mètres de profondeur : poissons, crustacés, mollusques, échinodermes, zoophytes* » (Laissus 1995).

1.4. La prise en compte de la biogéographie : une recontextualisation écologique des collections

Selon Drouin (1991), si le vocable de biogéographie n'apparaît que vers 1900, il semble bien évident que

> « *cette force d'attraction de la géographie des plantes qui fait d'elle la matrice d'une biogéographie avant la lettre (...) risque de masquer la dualité qui est au cœur de son projet et dont la traduction anecdotique est une querelle larvée de priorité entre, Alexandre de Humboldt*[15] *et Augustin-Pyramus de Candolle*[16] ».

Ainsi, largement inspirés par les travaux d'Alexandre de Humboldt[17] , les travaux théoriques effectués sur l'étude des paramètres qui expliquent la zonation verticale des plantes en altitude, vont trouver tout naturellement des applications muséologiques par la création des premiers jardins de

---

[15] A. de Humboldt, 1807, Essais sur la géographie des plantes.

[16] A-P. de Candolle 1805 La flore Française de Lamarck (réédition, avec cartes botaniques).

[17] Ce naturaliste a pu montrer que la répartition des plantes en altitude s'effectuait selon un gradient de températures discontinu dans la nature.

montagne. « *Les sommets alpins de Suisse, d'Autriche et de France voient la création dans la seconde moitié du XIX*^{e} *siècle de nombreux jardins, à Valleyres, au col du Tricot, à Annivers, au grand St Bernard* » (Larabi-Abbès, Morel, 1998).
Ces diverses créations vont inspirer les directeurs de jardins botaniques qui vont tout mettre en œuvre pour pouvoir offrir à ces plantes de montagne des niches écologiques variées. De fait, la création des jardins écologiques se distingue très nettement de celle des écoles de botanique ; il ne s'agit plus de présenter les plantes selon la classification en vigueur, mais de les regrouper en fonction de leur milieu d'origine et de leurs exigences écologiques. Une nouvelle étape importante au niveau de la muséologie des sciences naturelles est franchie ; c'est la recontextualisation écologique des collections.

> «*De grandes institutions créent des jardins écologiques dans les années 30 : Kew Garden s'enrichit d'un alpinium, le jardin botanique de Berlin consacre 10 ha de sa surface à des groupements écologiques, comme la tourbière, le marais, la lande (...) le jardin botanique de Munich présente un secteur de flore bavaroise (...). En 1931 est créé le jardin alpin du col de Saverne et en 1937, le Muséum reprend en main la destinée du jardin de Samoens* » (Larabi-Abbès, Morel 1998).

A la fin du XIXe, émergeront progressivement des problématiques de type environnementaliste sous l'impulsion de travaux en écologie. Il s'agit en réalité d'une discipline nouvelle, car même si le terme d'écologie fit sa première apparition dans une publication de Ernst Haeckel en 1866, les premiers emplois datent des années 1890.

> «*Par écologie on entend tout le domaine de savoir qui concerne l'économie de la nature - l'étude de*

l'ensemble des relations de l'animal à son environnement organique et inorganique - ceci inclut avant tout les rapports amicaux ou hostiles avec ceux des animaux et des plantes avec lesquels il entre directement ou indirectement en rapport»[18] .

De façon concomitante, la prise en compte des relations entre l'animal et son environnement (organique et inorganique) va conduire à la création des premiers musées de dioramas tant en Europe (Paris, Londres, Berne) qu'en Amérique du Nord (Oakland Museum, Museum d'Ottawa).

> *« Peale a été un pionnier des dispositifs en « habitat group », en installant des oiseaux et autres animaux dans des attitudes variées, sur des étangs artificiels, dans des arbres ou encore en les suspendant dans l'espace » (*Montpetit 1996).

La deuxième phase du développement de l'écologie, qui est très largement inspirée par les travaux de Frederick Clements (1916)[19], porte sur l'étude des successions écologiques. *« Cette école établit notamment que les végétations « pionnières » passent par une série de stades prévisibles culminant au climax, autour duquel oscillerait la végétation désormais stabilisée »* (Acot, Drouin, 1997). Une fois de plus, ces travaux théoriques vont influencer les présentations muséographiques. Ainsi, *« ce n'est pas par hasard si c'est aux Etats-Unis que l'on annexe aux jardins botaniques des zones sauvages où la végétation naturelle de l'endroit se*

---

[18] Ernst Haeckel 1866 Generelle Morphologie der Organismen II, p. 286 ; Extrait de C. Limoges De l'économie de la nature aux écosystèmes : l'histoire de l'écologie esquissée à grands traits. Spectre, 9-14, Montréal, 1980.

[19] Clements F. 1916 Plants succession : an analysis of the development of végetation

reconstitue spontanément, comme à l'Arnold Arboretum ou à l'Arboretum de l'Université de Wisconsin » (Larabi-Abbès, Morel 1998).

Enfin, progressivement, et sous l'impulsion de travaux nord américains comme ceux de Raymond Lindeman[20], fondateur de la théorie moderne des écosystèmes, les musées, en installant des groupes animaliers dans leur habitat, vont tenter *« de faire voir non seulement l'apparence des espèces, mais aussi de traiter des modes de vie et des relations de ces espèces à l'environnement* » (Parr 1959). Ainsi, comme le précise Raymond Montpetit en faisant allusion au développement des dioramas

> *« Le désir d'exposer des animaux naturalisés selon un ordre autre que le regroupement en genre et espèces apparaît chez les naturalistes et les muséologues, à mesure que la distinction s'impose entre des collections pour fin de recherches, et d'études, et des collections pour fins d'éducation publique* » (Montpetit 1996).

Qu'en est-il de l'évolution des parcs zoologiques ? En Europe, sous l'impulsion de la maison Hagenbeck, de Hambourg, qui avait réalisé un zoo selon des conceptions entièrement nouvelles à Stellingen dès 1907, de nombreux nouveaux parcs zoologiques vont s'ouvrir dont le parc zoologique de l'exposition coloniale de Paris. Dans un article paru dans l'illustration du 10 octobre 1931[21], Henry Thétard, directeur du zoo de l'exposition coloniale résume les buts de l'œuvre entreprise

> *« l'originalité de l'œuvre consiste à laisser aux animaux une certaine liberté. Au lieu de les enfermer*

---

[20] Raymond Laurel Lindeman, 1942 The trophic-dynamic aspect of ecology, Ecology, 23

[21] Cf Rousseau, J., Girault Y. 1984 *Historique du parc zoologique de Paris*, 1934-1984. 90 p., Document interne.

dans des cages et de les emprisonner étroitement derrière des grillages, de larges emplacements leurs sont laissés, de plein-pied avec le public dont ils sont séparés par de profonds fossés. Du coup, vous vous croyez vraiment vous-même en pleine savane ».

En réalité, au sein de ces nouveaux parcs zoologiques, les présentations des animaux vivants sont de réelles transpositions des présentations en dioramas, car en voulant présenter les animaux en groupe (savane africaine), les responsables de ces parcs zoologiques veulent présenter aux publics les relations de ces espèces entre-elles et avec leur environnement. Ainsi, alors même que les animaux présentés au sein des anciennes ménageries sont décontextualisés de leur milieu d'origine, ces nouvelles présentations (par groupe avec de faux rochers, des points d'eau) permettent de scénographier les lieux de vie de ces animaux, ce qui fait dire à Cousin-Davallon et Davallon (1986) que *« chaque enclos simule un territoire dans lequel l'animal peut évoluer comme chez lui »*.
Ce modèle extensif du zoo fut créé en 1923 par Jan Burgers, mais c'est le parc de Chipperfield en Angleterre qui en lança réellement la mode en faisant évoluer le concept jusqu'au safari parc au début des années soixante. Le premier parc à imposer ce concept en France est Thoiry, dans les Yvelines. Le visiteur se retrouve enfermé dans sa voiture alors que les animaux circulent librement. Pour les zones piétonnières des passerelles surplombent les parcs afin de voir les animaux de plus près et des barrières d'eau séparent les enclos. Cette présentation permet en outre de faire cohabiter dans le même espace, plusieurs espèces compatibles comme les éléphants, les zèbres et les autruches etc.
La troisième et dernière étape d'évolution des présentations d'animaux vivants contextualisés dans un modèle d'écosystème va se développer à partir des années 90 avec la

création de Bioexibits ou expositions qui ont pour objet de faire vivre l'expérience de l'immersion aux visiteurs. Nous retrouverons ce phénomène dans des parcs zoologiques américains comme le très célèbre San Diego Zoo, le Woodland park de Seattle, le Bush d'Arnhem (Pays-bas), l'océanium de Rotterdam, ou le Biodôme de Montréal.

Qu'en est-il au sein des aquariums ? On peut noter une évolution similaire dans la présentation des aquariums. Ainsi, dès les années 1930, avec la création de l'aquarium du Trocadéro, on pouvait assister en France aux premières présentations écologiques. Depuis, de nombreux aquariums ont petit à petit augmenté considérablement le volume de leurs bacs. Cependant, il faudra attendre les années 1990 pour que la résolution de contraintes techniques d'une part[22] et d'autre part la création de métacrylate[23] puisse aboutir à de très grandes présentations d'écosystèmes marins qui ont pour objet l'immersion des visiteurs. En réalité, on ne trouve des présentations de ce type que dans de très grands aquariums américains type « living sea » à Epcot.

> « *Le concept de l'immersion totale a vu le jour durant la dernière décennie. Il donne aux visiteurs l'impression d'évoluer dans un milieu naturel pourtant recréé artificiellement* » (Van den Sande 2001).

En France, dans les années 90, deux grands centres thématiques marins vont bénéficier d'aides très importantes des collectivités nationales, territoriales et/ou européennes,

---

[22] Les avancées des connaissances scientifiques sur le fonctionnement des milieux, les progrès techniques des systèmes de traitement des eaux et de filtration permettent des avancées sur les présentations (extrait d'un entretien avec Jacques Maigret).

[23] Le métacrylate permet la création de tunnels et de bacs ronds dans les aquariums.

pour compenser les difficultés économiques de ces régions. Ces nouvelles structures, Nausicaä Centre National de la Mer, créé en 1990 à Boulogne et Océanopolis ouvert à Brest en 1990, sont réalisées à l'initiative d'individus qui ont fondé un CCSTI[24] qui leur confère plus directement une mission de culture scientifique et technique. Il faut également noter la rénovation, de l'aquarium de La Rochelle (Causer, Liacopoulos 2001) et la création de nouveaux aquariums privés : Le Croisic, St Malo, l'aquarium de la Réunion... A ce jour, les responsables de ces divers établissements (publics et privés) s'inspirent du principe de l'immersion par la présentation de grands bacs (malheureusement pas à l'échelle des grands aquariums américains), voire même des animations réalisées en direct avec des plongeurs dans un aquarium [25].

De nos jours, les établissements qui présentent des espèces vivantes (aquariums mais surtout jardins botaniques, parcs zoologiques) se spécialisent et s'orientent vers la reproduction d'espèces menacées. C'est ainsi que vont « fleurir » des conservatoires botaniques, des réserves animalières, et ou des parcs zoologiques qui vont s'engager dans des programmes de protection de la nature.[26]

---

[24] Il existe en France 35 Centres de Cultures Scientifiques, Techniques et Industriels (CCSTI).

[25] Cf dans le même ouvrage l'article d'Annelise Heitz et Yves Girault : « L'accueil des publics scolaires dans les aquariums ».

[26] Cf pour plus d'informations à ce sujet dans le même ouvrage les articles d'Annelise Heitz et d'Yves Girault : « L'accueil des publics scolaires dans les aquariums » ; celui de Gaud Morel : « L'accueil des publics scolaires dans les jardins botaniques » et enfin celui de Sophie Grisolia et de Françoise Lemire : « L'accueil des publics scolaires dans les parcs zoologiques ».

2. La muséologie d'expériences

Quittons pour quelque temps le monde des musées d'Histoire naturelle, et revenons en arrière pour évoquer l'évolution des musées de sciences. Ainsi, c'est dans le sillage d'expositions internationales (Musée technique de Vienne, Deutches Museum de Munich, Sciences Museum de Londres, Palais de la découverte de Paris) qu'ont été créés en Europe dans la deuxième moitié du 19e siècle les premiers centres de sciences.

Le premier "push button museum" des sciences et de la technologie qui ouvrit ses portes aux Etats Unis en 1934 est le "Franklin Institute Science Museum" de Philadelphie.

Le plus souvent, ces établissements ont été conçus pour magnifier la science soit dans le cadre de nouveaux développements de la recherche qu'il fallait populariser, soit pour susciter un intérêt pour les études scientifiques et techniques (Franklin Institute, Centre des sciences de l'Ontario Toronto, Maryland Science Center de Baltimore, Cité des sciences et de l'industrie à Paris, Centre sciences et des techniques de Montréal), soit enfin à l'initiative de firmes privées dans le but de présenter une vitrine de leur technologie comme le Musée "Evoluon" de Philips à Eindhoven (Hollande).

> *« Au palais de la Découverte, la muséologie est constituée d'expériences et non d'objets ; elle s'appuie en outre sur une reproduction « en grandeur nature » et dans son cadre de la science en train de se faire (...) elle requiert l'intervention du public »* (Eidelman 1989).

Cet établissement présente donc, selon la formule consacrée par J. Perrin[27] et le plus souvent à l'aide de manipulations et de démonstrations spectaculaires, "*la science en action*" à base principalement d'expériences de physique et de chimie. Ces expériences traduisent *« une épistémologie de la recherche (...) et une épistémologie de la découverte »* (Eidelman 1989).

Dans le prolongement de la création de ces musées de science ont fleuri, et le plus souvent aux Etats-Unis, de très nombreux établissements de culture scientifique pour enfants.

> *« Que ce soit les premiers "Children Museums" les "Science playground," les "touch museum "... ils favorisent tous l'approche ludique sous toutes ses formes pour inciter l'enfant à s'impliquer totalement durant sa visite. Il s'agit en fait de créer un processus d'interactions mentales qui explique les relations motrices ou perceptuelles existant entre la main qui agit et le cerveau qui analyse* » (Spock 1988).

Comme nous l'avons déjà montré (Girault 1992) l'ensemble de ces centres scientifiques, basés sur la notion de sensibilisation et d'apprentissage par le plaisir (learning by having fun), ont pour présupposé une idée déjà (très) ancienne à savoir que « *l'apprentissage est d'abord affaire de motivation* ». L'intérêt, la motivation sont des thèmes qui sont d'ailleurs développés par la plupart des pédagogues et des philosophes des 17e, 18e et du 19e (Fénelon "*il faut que le plaisir fasse tout*", Locke par sa mise en honneur de "*procédés engageants et de méthodes attrayantes*" et son engagement "*contre le rigorisme d'un enseignement trop didactique où les méthodes sont rebutantes et les procédés*

---

[27] J.Perrin, préface du rapport général de l'exposition internationale de 1937.

laborieux", Rousseau "*laisser faire la nature, c'est aussi l'éducation négative*", Spencer "*l'esprit ne s'approprie bien que les connaissances qui lui procurent du plaisir et une excitation agréable*"). Ces thèmes reviendront périodiquement, on les trouve ainsi chez les rénovateurs du 20ᵉ : comme Montessori, Decroly, Ferrière et Freinet.

En réalité ces centres de science pour enfants sont le plus souvent basés sur la présentation d'expérimentations.

> *« L'expérimentation ne suppose pas la seule observation fidèle des faits tels qu'ils se présentent, ni la seule quête de connexions empiriques entre phénomènes. L'expérimentation exige une interaction entre théorie et manipulation pratique, qui implique une véritable stratégie » (*Prigogine et Stengers 1979).

On entrevoit ici les limites de ce type de présentations muséales, limites d'autant plus importantes s'il n'existe pas de médiateur présent, autour des enfants.

> *« le travail qu'effectue le visiteur demande des qualités qu'on associe souvent à la démarche scientifique ; il doit observer, expérimenter, analyser, décoder, remettre ensemble... Puisqu'on demande au visiteur un comportement qui est, toutes proportions gardées, proche de celui du scientifique ne devrait-on pas lui faire sentir un peu plus explicitement cette démarche ? »* (Bergeron 1992).

De fait, contrairement à une idée largement répandue, les visites scolaires de tels établissements nécessitent une préparation importante, et l'acquisition de pré-requis indispensables sur l'observation, la formulation de questionnements, voire même d'hypothèses…

3. Des musées qui privilégient la communication avec leurs publics

Depuis les années 70, nous sommes rentrés progressivement dans l'ère de la communication, et l'évolution des structures muséales n'a plus été basée principalement sur la prise en compte de l'évolution des idées scientifiques, mais bien plus sur la prise en compte progressive des publics spécifiques. Nul ne peut en effet nier le fait que les années 70 marquent une montée en puissance progressive de la fonction de communication au détriment de celle de la conservation. « *Si le rôle éducatif des musées existait auparavant, à partir des années 1970 il va être mis en avant et participer à une redéfinition des rôles et objectifs d'un certain nombre d'institutions muséales* » (Schouten 1987). Cette prise en compte des publics faisait en réalité l'objet de nombreuses recherches depuis plusieurs décennies aux Etats-Unis. Notons à titre de référence les premiers travaux effectués par Gilman notamment sur la fatigue des visiteurs, et l'étude commanditée par la Carnegie Corporation à Robinson sur les visiteurs de musées [28] (Samson, Schiele 1989).

Il faudra attendre l'année 1982 pour que les fonctions mêmes du musée soient rediscutées au sein de la profession. Ainsi, nous devons à Evelyne Le halle, Chantal Lombard, Alain Nicolas et William Saadé la création d'une association « *Muséologie nouvelle et expérimentation sociale* ». Dans ce sillage, et reprenant un texte de Desvallées, qui fera ultérieurement office de Manifeste, le mouvement de la nouvelle muséologie prit corps [29] :

---

[28] *Robinson (1928) The Behavior of the Museum visitor.*

[29] Cf le recueil de textes des fondateurs de ce mouvement qui est aujourd'hui présent dans le monde entier. *Vagues une anthologie de la nouvelle muséologie*, Collection Museologia, diffusion PUL, Editions W MNES.

« Le seul objectif vraiment commun qu'on pourrait trouver à ceux qui se sont retrouvés derrière le drapeau de la nouvelle muséologie pourrait se concrétiser dans « l'escalier monumental du musée » qu'ils se proposaient de détruire. Abolir la distance entre le public et le contenu du musée, le lui restituer en lui rendant perceptible pour les uns, le laisser à sa portée en ne le privant pas de sa jouissance pour les autres » (Desvallées 1992).

En réalité, comme Desvallées le précise lui-même, il s'agissait de revenir aux sources de la muséologie, celles qui mettaient le musée au service de tous et non pas au service des seuls amateurs éclairés.

« Notre conception privilégie la communication avec le public, la médiation, dans tous les sens du terme. Elle ne met au premier plan ni la conservation des objets pour eux-mêmes, ni le plaisir du conservateur pour lui-même, ni la mise en espace pour elle-même (...) Afin de bien servir le public, il est nécessaire de servir au mieux le sujet, qu'il soit objet à montrer ou propos à traduire » (Desvallées 1992).

Il est impossible de prétendre résumer en quelques lignes l'immense apport de ce courant en muséologie. Rappelons s'il en est nécessaire que les partisans de cette « nouvelle muséologie » ont souhaité travailler sur 2 voies : la voie médiatique, en donnant aux visiteurs les codes de lecture des objets, et la voie communautaire, en privilégiant la création de musées communautaires, d'écomusées, au sein desquels le public pouvait *« non seulement s'approprier les objets, mais prendre l'initiative de faire de leur patrimoine, le fond du musée » (Desvallées 1992).*

De nombreux musées traditionnels qui ne souhaitaient pas adhérer à l'ensemble des prémisses du courant de la

« nouvelle muséologie » se sont trouvés plus ou moins contraints de créer des services d'action culturelle et/ou de développer, de façon plus ou moins heureuse, des projets en direction des scolaires. Le musée de science de Philadelphie mettra en place entre 1976 et 1982 un espace pour enfants en extérieur (ce qui sera repris de manière identique à Bangkok et Bombay), puis les musées de Chicago (1980), Seatlle (1982), Lansing (1983), l'Inventorium de la Villette à Paris, la salle Naturalia au Biodôme de Montréal (1992) et plus modestement la Grande Galerie de l'Evolution à Paris (1994) mettront aussi en place des expositions permanentes spécifiquement destinées à un public enfant (Hovart, 2000).
Ces centres abordent des thèmes liés aux sciences naturelles. L'appareillage constitué initialement de loupes, de pinces, permet une observation d'éléments divers, roches et minéraux, squelettes, plumes, fourrures, invertébrés, parfois même de quelques artéfacts (porcelaine, tissus) dans le cadre de présentations d'archéologie ou d'ethnologie comme dans la salle du Royal Ontario Museum. Dans certaines réalisations plus récentes, apparaissent de la robotique, de l'informatique, de la vidéo... *« L'expérimentation tactile vise surtout à faire connaître aux enfants les moyens dont ils disposent pour aborder un problème et apprendre par eux-mêmes »* (Spock 1988).

4. Conclusion

Comme nous avons pu le souligner, depuis leurs origines au XVe siècle, les musées, puis les expositions depuis le XXe siècle, mettent en scène un parti pris épistémologique.
C'est ainsi que les principales étapes de l'évolution des sciences biologiques (de l'histoire naturelle à la révolution darwinienne et l'avènement de l'écologie) ont trouvé une telle résonance au sein des divers types de présentations

muséographiques qu'elles en ont été le moteur de leur propre évolution. On est ainsi passé successivement d'une muséologie de monstration, basée sur la curiosité du visiteur notamment pour découvrir des objets exotiques, à une muséologie d'idées (idées évolutionnistes, présentations écologiques) pour aboutir à une muséologie d'expériences.
Depuis les années 70, ce sont bien plus les sciences de la communication qui sont à l'origine de l'évolution des présentations muséales. Si, dans ce cadre, certains projets n'ont consisté qu'en une somptueuse rénovation, d'autres ont effectué un réel retour aux sources en focalisant les efforts sur les vraies finalités du musée, c'est à dire :

> *« le sens de la conservation et des expositions, de ses rapports profonds avec la société dont ils sont un des instruments culturels - et dont ils prétendent être le reflet»* (Desvallées 1992).

L'évolution des expositions permanentes des musées, telle que nous l'avons très succinctement résumée dans cet article, est-elle pour autant aboutie ? Bien évidemment il n'en est rien, et nous pensons et à l'instar de Jurgen Habermas sur l'espace public (1992), dont les travaux ont inspiré Paul Rasse sur le rôle de la muséologie (1999), *« que l'institution muséale ne doit pas exclusivement être axée vers une politique de transfert de connaissances, mais qu'elle peut également jouer le rôle d'un espace public local »* (Girault, Debart 2002). Cette position, en partie partagée dans la profession, est notamment basée sur le fait que nous sommes en train de vivre un changement paradigmatique important avec l'avènement des questions socialement vives.
« Ces questions socialement vives font partie de ce que les anglophones appellent l'éducation sur les socio-scientific issues, caractérisées par un manque de consensus entre les chercheurs, notamment sur les risques et les effets environnementaux » (Albe, Simonneaux 2003).

Nous considérons en effet (Girault, Debart 2002) *« que la très grande majorité des controverses, des débats qui existent au sein de la communauté scientifique sur l'environnement correspondent à des préoccupations sociales, caractérisées par des conflits d'usages et de représentations ».* Alors même que divers chercheurs en sciences de l'éducation travaillent à ce jour sur l'introduction de ces controverses dans l'enseignement des sciences dans une perspective d'éducation citoyenne[30] (Legardez et Alpe 2001 ; Simonneaux, 2001 ; Kolstoe, 2001 ; Sadler, Chambers et Zeidler, 2002, Albe et Simonneaux 2003) cela n'est que trop rarement réalisé au sein d'un musée et/ou d'une exposition[31]. C'est la raison pour laquelle, à l'instar de Roland Arpin (1999) qui a créé le Musée de la Civilisation à Québec, nous pensons qu'il nous faut ré-interroger nos pratiques culturelles *« qu'il le veuille ou qu'il s'en défende, le musée est un acteur social. Comment participer le plus efficacement à la Cité, à la politique ? Telle est au fond la question que chacun pour lui-même devra se poser » (Lemire, Girault 2001).*

En France, le développement de l'Education Relative à l'Environnement figure parmi les priorités du gouvernement de Monsieur Raffarin. La stratégie nationale de développement durable qui est en cours d'élaboration pour

---

[30] Dans de nombreux pays l'éducation se veut plus ouverte sur la prise en compte des réalités sociales et divers cadres intégrateurs ont été proposés l'Education à la citoyenneté (Albala-Bertrand-UNESCO 1977), l'Education pour le développement de sociétés viables et une responsabilité globale (Conseil de la Terre 1992), L'éducation pour le développement durable (Unesco 1992).

[31] Cf dans le même ouvrage l'article de Cécile Fortin-Debart « Typologie des approches éducatives de l'environnement au sein des musées de sciences ».

les aspects de la communication scientifique s'inscrit clairement dans une approche anthropocentrique et socio-centrée sur l'environnement. L'anthropocentrisme est ici perçu dans une perspective utilitariste, c'est-à-dire en référence aux hommes, d'une part, vis-à-vis de leurs besoins (gestion des ressources) et, d'autre part, vis-à-vis de leur survie, leur santé, leur qualité de vie (prévention et résolution des problèmes). Sauvé (2002) propose l'expression d'environnement-ressource, à gérer et à partager : *« ce n'est pas de « gestion de l'environnement » dont il est question, mais plutôt de la « gestion » de nos propres entreprises et conduites individuelles et collectives à l'égard des ressources vitales puisées dans l'environnement ».*

D'autre part le sociocentrisme englobe tous les phénomènes sociaux liés à l'environnement : représentations sociales, les processus sociaux qui affectent l'environnement (politique, économique, culturel), les processus éducatifs et culturels, les mouvements écologistes (au sens politique du terme), les relations symboliques avec l'environnement et la nature. Dans cette perspective, le sociocentrisme prend en compte la société, les institutions de décision politique, les acteurs sociaux concernés. Ainsi, le sociocentrisme permet de repenser un certain nombre de rapports face à l'environnement : rapport entre science et politique, rapport entre science et société, etc.

Il nous semble donc indéniable que les responsables de musées, sauf au risque de ne pas prendre en compte la demande des pouvoirs publics d'une part, et d'autre part, de respecter les visiteurs en présentant la relativité des points de vue des experts, vont devoir de plus en plus souvent présenter au sein des expositions scientifiques ces interactions Science - Technologie - Société, ce qui les conduit tout naturellement à faire évoluer progressivement leur établissement en des musées forum.

Quoi qu'il en soit, selon la nature des établissements muséologiques (muséum, aquarium, jardin botanique, parc zoologique...) et l'importance tant qualitative que spectaculaire de leur rénovation, les divers types de présentations muséologiques que nous venons de présenter peuvent tout à fait cohabiter au sein du même établissement, ou dans des musées de la même ville. Ce constat doit conduire les visiteurs, et notamment les enseignants, à appréhender les expositions permanentes et temporaires de ces divers musées avec des objectifs pédagogiques qui soient en adéquation avec les présupposés épistémologiques et didactiques des expositions visitées ; d'où l'importance de les connaître. Pour aider les visiteurs dans cette tâche, les responsables des musées ont le plus souvent développé des programmes et activités pédagogiques à destination des publics divers et en priorité des scolaires. L'objet de ce présent ouvrage collectif consiste principalement à tenter d'en établir une présentation.

Bibliographie

Acot P., Drouin J.M., (1997) L'introduction en France des idées de l'écologie scientifique américaine dans l'entre-deux guerres ; revue d'Histoire des sciences, 50/4, pp.461-479.

Albala-Bertrand L., (1997) What is citizenship education ? International Bureau of Education, Paris : Unesco.

Albe V., Simonneaux L., (2003) (Sous Presse) Procès sur les téléphones mobiles : impact sur la réflexion épistémologique d'enseignants. *In* Actes des 3e Rencontres Scientifiques de l'ardist.

Allan D.A., (1952) Aperçus sur le rôle des musées dans l'éducation *In* Documents spéciaux d'éducation, UNESCO, Paris, pp. 3-8.

Arpin R., (1999) La fonction politique des musées. Les grandes conférences, Musée de la Civilisation Québec, Canada.

Bergeron A., (1992) Musées expositions et faits de science, la lettre de l'OCIM ; n° 23, 13-16.

Bitgood S., (1996) Les méthodes d'évaluation de l'efficacité des dioramas : compte rendu critique. Publics et musées n° 9, Les dioramas, 37-55, 153 p., PUL.

Bourdier F., (1962) Origines et transformations du Cabinet du Jardin royal des Plantes. Sciences et l'enseignement des sciences : Revue française des sciences et des techniques, n°18.

Carle P., Eidelman J., (1989) Musée et communauté scientifiques : les renouveaux muséologiques en France et au Québec vers 1930. *In* Faire voir et faire savoir : la muséologie scientifique au présent. Schiele B. (dir.). Actes du colloque international, Montréal, Québec : Musée de la Civilisation 35-45, 155 p.

Causer M., Liacopoulos C., (2001) The exponential Growth of New aquarium projects in France. Bulletin de l'Institut océanographique de Monaco, n° spécial 20, fascicule 2, 37-44.

Corbey R., (1997) Inventaire et surveillance : l'appropriation de la nature à travers l'histoire naturelle. Le muséum au premier siècle de son histoire. Blanckaert C., Cohen C., Corsi P., Fischer J.L. (coord.), Muséum national d'Histoire naturelle Archives, 541-557, 687 p. Paris.

Cousin-Davallon F., Davallon J., (1986) Les parcs zoologiques : l'imaginaire du naturalisme ; *In* Claquemurer pour ainsi dire tout l'univers. La mise en exposition : Davallon J. (dir.) 83-95, 301 p, Paris Centre Georges Pompidou.

Desvallées A., 1992 (dir.) Vagues Une anthologie de la nouvelle muséologie. Collection Museologia, diffusion Presses Universitaires de Lyon, W (Eds) MNES, 530 p.

Desvallées A., (1992) Présentation in Desvallées A. (dir.) Vagues Une anthologie de la nouvelle muséologie. Collection Museologia, diffusion Presses Universitaires de Lyon, W (Eds) MNES, 15-39, 530 p.

Drouin J. M., (1993) Une espèce de livre vivant : le rôle des jardins botaniques d'après Augustin-Pyramus de candolle. Saussurea, Société Botanique de Genève.

Drouin J.M., (1991) L'Ecologie et son Histoire. Champs Flammarion, 213 p., Paris.

Geoffroy Saint-Hilaire I., (1861) Acclimatation et domestication des animaux utiles, 4e édition, Librairie agricole de la maison rustique, Paris.

Girault Y., Debart C., (2002) Le musée forum un difficile consensus. L'exemple du Muséum National d'Histoire Naturelle. Quaderni n°46, La science dans la cité, 147-162, 178

Habermas J., (1992) : L'espace public trente ans après, Quaderni, n°18.

Hahn R., (1997) Du jardin du Roi au muséum : les carrières de Fourcroy et de Lacépède. Le muséum au premier siècle de son histoire. Blanckaert C., Cohen C., Corsi P., Fischer J.L. (coord.), Muséum National d'Histoire Naturelle Archives, 31-41, 687 p. Paris.

Hovart S., (2000) L'accueil des publics scolaires dans les musées anglophones. *In* Prise en compte des intérêts des élèves dans le cadre de l'appropriation des savoirs scientifiques dans les espaces muséaux ; Girault Y. (dir.). Rapport de recherche Comité National de Recherche en Education, 57-76, 316 p.

Kolstoe S. D., (2001). Scientific literacy for citizenship : Tools for dealing with the science dimension of controversial issues. *Science Education*, 85, 291-310.

Lacépède B., (1801) Introduction, *in* Lacépède B., Cuvier F. la Ménagerie du Muséum national d'Histoire naturelle ou Description et histoire des animaux qui y vivent ou qui y ont vécu. Paris Miger etc., an X, pp.1-2.

Laissus Y., (1995) Le Muséum national d'Histoire naturelle. Découverte, 144 p., Paris.

Larabi-Abbès Y., Morel G., (1998) Jardins botaniques et instruction du public, l'exemple des jardins écologiques de l'entre-deux guerres. In des expositions scientifiques à l'action culturelle, des collections pour quoi faire ? (Girault Y. coord.). Colloque international de Muséologie. Muséum national d'Histoire naturelle, Paris, 36-44, 280 p.

Legardez A., Alpe Y., (2001) La construction des objets d'enseignements scolaires sur des questions socialement vives : problématisation, stratégies didactiques et circulations des savoirs, 4e Congrès AECSE, Lille.

Lemire F., Girault Y., (2001) Du musée témoin au musée acteur de la société : l'accompagnement culturel d'une exposition, objectifs, publics, stratégies. La revue de l'OCIM, n° 77, 27-34.

Montpetit R., (1996) Une logique d'exposition populaire : les images de la muséographie analogique. Publics et musées n° 9, Les dioramas, 55-100, 153 p., PUL.

Osborne M.A., (1997) La brebis égarée du Muséum : La société zoologique d'acclimatation entre la guerre franco-prussienne et la Grande Guerre. . Le muséum au premier siècle de son histoire. Blanckaert C., Cohen C., Corsi p., Fischer J.L. (coord.), Muséum National d'Histoire Naturelle Archives, 125-153, 687 p., Paris.

Parr A.E., (1959) The habitat group, Curator, 2 (2).

Prigogine I, Stengers T. , 1979) La nouvelle Alliance, Paris, Gallimard.

Rasse P., (1999) Les musées à la lumière de l'espace public, Histoire, évolution, enjeux. L'Harmattan, logiques sociales, 238 p.

Richard W., Burkhardt Jr., (1997) La ménagerie et la vie au Muséum. Le Muséum au premier siècle de son histoire. Blanckaert C., Cohen C., Corsi P., Fischer J.L. (coord.), Muséum national d'Histoire naturelle Archives, 481-508, 687 p. Paris.

Sadler T.D., Chambers, F. W. & D. L. Zeidler., (2002) Investigating the Crossroads of Socioscientific Issues, the Nature of Science, and Critical thinking, National Association for Research in Science Teaching Annual Meeting, New Orleans, 7-10 April 2002.

Samson D., Schiele B., (1989) L'évaluation muséale. Publics et expositions : bibliographie raisonnée. Paris : Expo Media.

Sauvé L., (2000) L'éducation relative à l'environnement entre modernité et postmodernité les propositions du développement durable et de l'avenir viable. *In* Jamet, A., Jickling, B., Sauvé L., Wals A., Clarkin P. (dir.) The future of environmental Education *in* a Postmodern World ? Whitehorse : Canadian Journal of environmental Education, 57-71.

Sauvé L., (2002) L'éducation relative à l'environnement : possibilités et contraintes. Revue Connexion, bulletin internationale de l'enseignement scientifique et technologique et de l'éducation environnementale de l'Unesco. Volume XXVII, n° 1-2.

Schaer R., (1993) L'invention des musées. Découverte Gallimard/Réunion des Musées Nationaux, 144 p., Paris.

Schouten F., (1987) L'éducation dans les musées : un défi permanent. Museum International, 156, 242-243.

Simonneaux L., (2001) Role-play or debate to promote students' argumentation and justification on an issue in animal transgenesis, *International Journal of Science Education*, 23, 9, 903-927.

Spock M., (1988) Looking back on 23 years, Journal : Hand to hand, Vol. 2 n°2.

Unesco, (1992) Refonte de l'éducation pour un développement durable-Reshaping Education for Sustainable Development, Dossiers Environnement et développement, Paris : Unesco.

Van Praët M., Démaret H., Drouin J.M., (2000) L'esprit du lieu, un concept muséologique. *In* La muséologie des sciences et ses publics en regards croisés sur la Grande Galerie de l'Evolution du Muséum national d'Histoire naturelle, Eidelman, J., Van Praët M. (eds), Puf, éducation et formation, 339 p.

Van Praët M., (1996) le Muséum national d'Histoire naturelle témoin de plus de trois siècles et demi d'évolution de la muséologie des sciences. La science en scène, presses de l'Ecole normale supérieure.

Van Praët M., (1989) Contradictions des musées d'histoire naturelle et évolution de leurs expositions. *In* Faire voir et faire savoir : la muséologie scientifique au présent. Schiele B. (dir.). Actes du colloque international, 1 oct 1989, Montréal, Québec : Musée de la civilisation 25-34.

Van Praët M., (1988) De la galerie de zoologie à la galerie de l'évolution, vers un musée du quatrième type ; actes des Xe Journées Internationales sur l'Education Scientifique, 95, 100, 399 p.

Wasburn W.E., (1990) « Museum Exhibition » in the Museum Reference Guide sous la direction de Michael Steven Shapiro. New-York : Greenwood Press.

Typologie des approches éducatives de l'environnement au sein des musées de sciences

Cécile Fortin-Debart[32]

1. Problématique

L'éducation relative à l'environnement (ERE) s'est imposée mondialement depuis le début des années 1970 comme un concept éducatif capable de développer chez les individus les qualités (connaissances, habilités et attitudes) nécessaires à leur engagement dans la préservation de la planète. Devant de tels objectifs, la démarche est nécessairement complexe.

L'ERE constitue ainsi :

> « *une dimension intégrante de l'éducation globale contemporaine qui tente d'intégrer harmonieusement différentes préoccupations éducationnelles complémentaires et interreliées* » (Sauvé, 1997).

En cela, elle ne constitue pas une nouvelle discipline mais, intégrée aux différents enseignements, nécessite une révision des programmes par le ministère de l'Education nationale qui :

> « *améliorera la cohérence des contenus et activités d'enseignement en matière d'environnement et intégrera cette préoccupation lors de la refonte de ses programmes. Seront concernés les enseignements de sciences, de géographie, d'économie, de littérature, de*

---

[32] USM Muséologie et Médiation des Sciences. Muséum national d'Histoire naturelle (Paris).

philosophie, l'éducation civique, sociale et familiale, l'éducation physique et sportive» (BO n°3, 01/1993).

L'ERE implique également, comme le souligne le Conseil National des programmes,

> « *la réalisation de projets alliant action et réflexion, débordant le cadre traditionnel des apprentissages et nécessitant souvent des sorties hors des lieux scolaires* » (Giolitto, Clary, 1994).

Dans ce cadre de projets et d'ouverture sur l'extérieur, le partenariat[33] apparaît comme :

> « *un mode de fonctionnement privilégié en éducation à l'environnement car il est conforme à sa philosophie de partage de connaissances, de confrontation d'idées et de synergie dans l'action* » (Bidou, 2001-2002).

Le musée, partenaire scientifique de l'école, apparaît alors comme un lieu-ressource intéressant. En effet, les thématiques environnementales ont depuis longtemps intégré les expositions et les activités des institutions muséales scientifiques (Davallon, Grandmont, Schiele, 1992). Cependant, envisager un partenariat école-musée pour une ERE implique au préalable de clarifier la nature de l'offre muséale (Fortin-Debart, 2001-2002) car il existe différentes démarches pédagogiques selon le type d'espace muséal ou selon la muséographie privilégiée[34]. Ces différentes démarches pédagogiques vont alors induire une diversité

---

[33] Se référer au volume 3 *Le partenariat en éducation relative à l'environnement* de la revue Education Relative à l'Environnement. Regards. Recherches. Réflexions. Poitiers : Institut de formation et de recherche en éducation à l'environnement, 2001-2002.

[34] Cf dans le même ouvrage l'article d'Yves Girault : Le musée de science : d'un parti pris épistémologique à la prise en compte des publics.

d'approches d'ERE, qui correspondent à « *la diversité des conceptions sous-jacentes de l'environnement, de l'éducation et de la relation éducation-environnement* » (Sauvé, 1997). De plus, Boillot-Grenon (1999) souligne dans ses travaux la nécessité de clarifier la position des différents partenaires dans un projet d'ERE :

> « *l'ouverture partenariale des projets d'ERE renforce les difficultés de collaboration entre des acteurs éducatifs (...) nombreux et hétérogènes. Ces difficultés mettent en visibilité la nécessité des démarches de clarification des positionnements des partenaires, qui seules, favorisent le dialogue multipartenarial et la définition de projet précisé et évolutif* ».

Notre propos est donc de proposer une clarification des approches d'ERE privilégiées dans les musées, clarification qui aidera les enseignants à construire au mieux leur stratégie éducative, en classe et au musée, et à faire des choix appropriés dans le cadre du partenariat. Rappelons en effet, que

> « *le métier d'enseignant est d'abord un métier de prise de décision dans des systèmes complexes où interagissent de nombreuses variables dont l'enseignant fait partie* » (Astolfi, Develay, 1989).

Pour cela, nous avons repris les éléments essentiels de notre recherche doctorale[35] qui repose sur une analyse bibliographique et sur trois enquêtes dont nous précisons rapidement la méthodologie :

---

[35] Fortin-Debart C., Contribution à l'étude du partenariat école-musée pour une éducation relative à l'environnement : analyse des caractéristiques et des potentialités du partenaire musée. Thèse de doctorat en Muséologie du Muséum national d'Histoire naturelle, 2003.

- L'analyse de 57 questionnaires envoyés à différents types d'institutions muséales (Musées d'histoire naturelle, Centres de Culture Scientifique, Technique et Industrielle (CCSTI), Centres Permanents d'Initiatives pour l'Environnement (CPIE), Ecomusées, Parcs nationaux et Parcs naturels régionaux), nous a permis de relever les principales approches éducatives privilégiées par les représentants de musées.
- L'étude des discours sur la muséologie de l'environnement de 31 enseignants-chercheurs du Muséum national d'histoire naturelle de Paris a précisé certaines caractéristiques de la médiation muséale des thèmes environnementaux.
- Enfin, l'étude de cas de 8 expériences muséales francophones nous a permis d'approfondir la compréhension d'une approche muséologique spécifique des questions environnementales.

Pour caractériser les différentes approches muséales, nous avons utilisé deux typologies : une typologie des représentations de l'environnement que nous avons nous-même construite à partir d'une revue de la bibliographie et une typologie des approches éducatives proposée par Robottom et Hart (1993). Ces derniers ont en effet développé une typologie de l'ERE reposant sur les trois paradigmes qui ont influencé d'une manière décisive la recherche en éducation. Il s'agit des paradigmes positiviste, interprétatif et critique.

Notre recherche a ainsi mis en évidence le caractère pluriel de la médiation environnementale au sein des musées de sciences. Par exemple, nous avons cerné la présence de trois thématiques fortes : la biodiversité, les problèmes environnementaux (eau, déchets, climats) et enfin le territoire associé à l'idée de patrimoine (Fortin-Debart, 1999). Nous proposons ici un éclairage des approches éducatives privilégiées dans les musées de sciences. Pour chaque approche, nous allons préciser les spécificités muséologiques et éducatives et les illustrer avec un ou plusieurs exemples concrets de partenariats. Enfin, nous insisterons sur la nécessaire complémentarité de ces approches et les conséquences sur le partenariat école-musée.

2. L'approche interprétative

L'approche interprétative, selon Robottom et Hart (1993), vise à développer un rapport étroit, une empathie avec l'environnement et une compréhension profonde des situations étudiées. L'approche interprétative cherche par exemple à développer un rapport affectif avec le milieu qui nous entoure, sous-entendu que pour agir en faveur de la préservation de ce milieu, il faut d'abord l'apprécier.

D'une manière générale, l'approche interprétative est favorisée dans l'éducation *par* l'environnement ou *dans* l'environnement qui « *revient à se situer dans une optique d'éducation générale de l'enfant et à se référer à une conception didactique de l'environnement* » (Giolitto, Clary, 1994). L'environnement est au service du développement intellectuel et affectif de la personne.

L'environnement est le milieu d'apprentissage et la ressource pédagogique. Dans cette perspective, la connaissance provient de l'environnement lui-même et non des experts : « *les sources d'autorité du savoir ne sont pas les disciplines scientifiques mais l'expérience personnelle* » (Liarakou, Flogaitis, 2000). Les apprenants construisent eux-mêmes leur savoir.

L'approche interprétative cherche donc à provoquer chez l'élève un rapport étroit avec la thématique ou le problème posé et à développer un ensemble de sentiments favorables à un engagement dans la préservation de l'environnement : la curiosité, l'intérêt, la motivation, le questionnement. *In fine*, l'objectif est de faire que cette empathie pour les questions environnementales devienne une valeur personnelle de l'apprenant. Dans cette perspective, l'approche interprétative apparaît en toute logique comme la première étape de toute activité d'ERE.

L'approche interprétative repose sur le contact avec l'environnement et caractérise donc d'une manière générale la médiation muséale. En effet, la médiation muséale est une forme spécifique de communication entre un visiteur et des objets. Par exemple, dans les musées d'histoire naturelle, l'approche interprétative est favorisée par l'observation des collections naturalisées : « *l'objet demeure un atout didactique essentiel pour émerveiller, étonner et questionner* » (Van Praët, 1989). Les collections naturalisées constituent ainsi une première approche interprétative de la nature, en privilégiant une représentation biocentrique de l'environnement. En effet, les musées d'histoire naturelle, à l'origine cabinets de curiosité, étaient voués à rassembler des éléments « remarquables » des trois règnes (végétal, animal et minéral). C'est donc la tradition de considérer les cabinets de curiosité puis les musées d'histoire naturelle comme de véritables « *musées de la nature* » (Davallon, Grandmont et Schiele, 1992).
Dans une autre perspective, les écomusées, les parcs naturels régionaux, les parcs nationaux, les Centres Permanents d'Initiatives pour l'Environnement favorisent également fortement une approche interprétative des questions environnementales, à travers la mise en valeur de milieux spécifiques, abordant ainsi la notion de territoire et de

patrimoine. La plupart de ces institutions muséales scientifiques offrent plusieurs possibilités d'accueil des scolaires : expositions, activités, animations sur le site ou en classe, organisation de séjours plus longs (classe découverte, classe environnement etc.). Plus précisément, les parcs naturels régionaux offrent une approche interprétative du patrimoine naturel et culturel d'un territoire. Comme le soulignent en effet Davallon, Grandmont et Schiele (1992),

> « *parcs et écomusées ont contribué à la mise en place d'une représentation de l'environnement comme patrimoine, à la croisée d'une nature à conserver et d'un patrimoine qui appartient à un groupe humain* ».

Les écomusées s'inscrivent dans une même orientation éducative que les parcs, mais en abordant plus spécifiquement les relations homme/nature par le biais de l'agriculture ou du paysage rural, et en général dans une perspective historique et locale, comme l'illustrent les propos suivants d'un représentant d'écomusée :

> « *Elles intègrent l'environnement comme élément de compréhension de l'histoire rurale du Sud-Vienne. Le concept de paysage est en effet couramment avancé : nos animations abordent la vie à la ferme, et donc la place du paysage dans la vie du fermier : il vit avec lui, le façonne, le respecte et doit éviter de le détériorer* ».

L'approche interprétative proposée dans la plupart des parcs nationaux et dans certains CPIE repose davantage sur une immersion sensorielle dans des milieux naturels : le représentant d'un parc national évoque l'objectif de *vivre une expérience sensible au sein de la nature*. Dans tous les cas, la découverte sensorielle d'un paysage, d'un territoire, d'un milieu naturel constitue une étape préalable censée susciter des questionnements auxquels les approches suivantes tenteront de répondre. Dans la même perspective d'étape de motivation et de questionnement, les ateliers scientifiques proposés par certains CPIE et certains CCSTI reposent sur la notion de découverte par le plaisir.

Dans le cadre d'un partenariat école-musée, il est donc évident que le musée est un terrain privilégié pour susciter cette approche interprétative. Cependant, ce type de partenariat nécessite une réelle exploitation des spécificités du média musée. Si le partenariat repose sur une visite guidée magistrale, nous ne sommes plus dans une approche interprétative. Pour que l'élève construise sa connaissance par le contact avec des collections, des milieux naturels, des paysages, il faut qu'une démarche d'observation de l'objet, de lecture de l'exposition, de lecture de paysage soit initiée et motivée par le guide-animateur et acceptée par l'enseignant. La formation des guides-animateurs est donc primordiale, la sensibilisation des enseignants à ces démarches d'exploitation du musée l'est également. Par exemple, la découverte des collections naturalisées d'un musée d'histoire naturelle pour susciter une approche interprétative de la biodiversité implique une observation orientée. A titre d'illustration, Cohen (2002) a mis en place dans sa recherche doctorale des animations qui permettent à des élèves de primaire de découvrir eux-mêmes la diversité des espèces dans la diversité des milieux grâce à la mise en place d'un jeu d'enquêtes favorisant une lecture active et ludique de l'acte I de la Grande Galerie de l'Evolution.

A partir de cette première approche interprétative, l'enseignant peut alors envisager une séquence éducative davantage centrée sur les contenus.

3. L'approche positiviste

D'une manière générale, l'approche positiviste vise surtout « *l'acquisition de connaissances et l'adoption d'un comportement civique responsable à l'égard de l'environnement* » (Liarakou, Flogaitis, 2000).

Les connaissances sont issues des experts

> « *qui sont susceptibles de traiter les différents aspects de l'environnement, de trouver des solutions aux problèmes connexes et de proposer de nouvelles pratiques relatives à la gestion des ressources naturelles*» (Liarakou, Flogaitis, 2000).

Ainsi, « *le rôle de l'expert devient primordial. C'est lui qui détermine le contenu et les objectifs de l'ERE* » (Robottom, Hart, 1993). Cette approche s'inscrit donc surtout dans une éducation *au sujet de* l'environnement et une éducation à l'environnement, centrées sur les contenus :

> « *Il s'agit de l'acquisition de connaissances relatives à l'environnement et des habilités requises pour acquérir ces connaissances. L'environnement est ici objet d'apprentissage* » (Sauvé, 1997).

Les musées de sciences peuvent-ils développer une approche positiviste ? En ce qui concerne l'acquisition de connaissances, il apparaît qu'effectivement le musée a un rôle à jouer. Par exemple, l'observation guidée de dioramas[36]

---

[36] D'abord centrés sur des spécimens, les musées d'histoire naturelle ont, grâce aux dioramas, intégré le concept de milieu, et ce sous l'impulsion de l'émergence de la discipline scientifique appelée écologie. Pour plus de précisions à propos des dioramas, se référer au numéro 9 de la revue Publics et Musées, Presses Universitaires de Lyon, 1996. Se référer également

dans les musées d'histoire naturelle permet d'aborder des concepts écologiques et invite les élèves à appréhender la notion de milieu, d'écosystème :

> « *le caractère didactique, esthétique et souvent spectaculaire des dioramas permet au public d'apprécier les relations de la faune et de la flore d'un milieu et prend valeur de témoignage historique et éthique par rapport à des milieux fragiles ou en péril écologique* » (Van Praët, 1989).

Mais, Van Praët voit aussi dans les dioramas une première forme d'éloignement du visiteur de la démarche scientifique car la présentation ne permet plus :

> « *de saisir sur des objets authentiques les mêmes observations que le chercheur et de potentiellement développer la même démarche scientifique, mais vise à lui donner sous une forme attractive les conclusions (écologiques, éthiques...) du concepteur de l'exposition, d'où une rupture entre le processus de la recherche et l'exposition* » (Van Praët, 1989).

Nous sommes bien là dans une approche positiviste où le savoir est élaboré par des experts et ensuite transmis aux visiteurs.

L'analyse des discours des enseignant-chercheurs du Muséum national d'Histoire naturelle de Paris souligne la difficulté pour les musées d'atteindre ces objectifs d'acquisition de connaissances et de changements de comportements. Finalement, il apparaît dans les entretiens que, plus qu'un objectif de changement de comportement ou d'acquisition de connaissances, le musée a comme

---

dans le même ouvrage à l'article d'Yves Girault « Le musée de science : d'un parti pris épistémologique à la prise en compte des publics ».

objectif d'informer les visiteurs, comme l'indique un enseignant-chercheur du Muséum national d'Histoire naturelle de Paris :

> « *il y a des objectifs d'information. Prenons par exemple la question de la biodiversité : il y a des tas de gens qui ne s'en préoccupent pas parce qu'ils ne savent même pas que ça existe. Le Muséum doit leur permettre de savoir que ça existe, pour que les gens puissent prendre des décisions en connaissance de cause et non par ignorance* ».

Par contre, la mise en place de projets sur du long terme, où les élèves sont invités à construire une véritable enquête sur un problème donné, peut éventuellement permettre de construire des connaissances, développer des compétences et amorcer une réflexion sur les changements de comportements, individuels et collectifs.

L'approche positiviste apporte des repères scientifiques aux élèves et amorce un questionnement sur les changements de comportements. La troisième approche développe ce questionnement en envisageant un changement de nos pratiques sociales, individuelles et collectives.

4. Le courant de la critique sociale

Le courant de la critique sociale vise, selon Robottom et Hart (1993) le développement d'un engagement personnel et collectif pour le changement des réalités environnementales et sociales :

> « *il s'agit de développer une analyse critique des valeurs, positions et intérêts mis en présence et constituant le problème, (…) pour rendre explicite la nature contradictoire et conflictuelle des réalités*

sociales et politiques qui se trouvent au cœur du problème étudié» (Liarakou, Flogaitis, 2000).

Dans cette perspective, les connaissances ne dérivent pas d'experts et d'enseignements bien organisés (approche positiviste), ni d'une interaction personnelle avec l'environnement (approche interprétative)

> « *mais du processus de la recherche critique et collaborative de tous les acteurs. Les sources d'autorité du savoir ne sont pas, dès lors, les disciplines mais le processus éducatif qui stimule une réflexion critique et collaborative dans des situations concrètes. Le développement d'un agir collectif et social se trouve au cœur de ces investigations* » (Robottom, Hart, 1993).

A travers l'approche socialement critique, il s'agit dans un but ultime de développer « *une prise de décision contextuelle et nuancée* » (Sauvé, 1994), seule garante d'un agir autonome, responsable et adapté.
Cette approche replace la question soulevée dans son contexte social et politique et invite les visiteurs à comprendre les conflits de représentations, d'usages, d'enjeux sous-jacents afin de mieux cerner leurs propres positionnements. Cette approche s'inscrit donc dans un processus global et cohérent qui vise *in fine* l'appropriation sociale des questions environnementales par les élèves, favorisant ainsi une démarche participative, démarche particulièrement pertinente avec les institutions muséales implantées sur un territoire spécifique telles que les parcs nationaux et régionaux, notamment dans la perspective de partenariat avec les classes scolaires locales.

Ce courant critique permet également de dépasser les objectifs de sensibilisation et d'information, qui selon certains observateurs, ne sont pas suffisants pour favoriser de nouvelles pratiques sociales favorables à l'environnement. Ainsi, Kalaora décrit la situation en ces termes :

> « *un fossé semble exister entre, d'une part, un consensus sur la réalité des problèmes et, d'autre part, les pratiques sociales qui en font peu de cas. (...) S'il y a des consensus sur l'importance des menaces, l'implication concrète des populations dans la lutte contre les risques est quasi inexistante* » (Kalaora, 1998).

Et le conseil de la conservation et de l'environnement du Québec (1990, cité par Tardif et col., 1997) d'ajouter :

> « *on a porté les grands problèmes d'environnement à l'attention du grand public en accusant les industries, le gouvernement ou d'autres intervenants, alors qu'on n'a jamais remis en cause notre mode de vie et nos choix sociaux qui contribuent à ces problèmes*».

Dans cette perspective, le courant de la critique sociale constitue une dimension essentielle de l'ERE, et pourtant, il est très faiblement représenté dans les discours des représentants de musées, mettant en évidence le manque de clarification pédagogique de la muséologie de l'environnement (Girault, Fortin-Debart, 2002). C'est pour cette raison que nous souhaitons approfondir davantage cette approche.

Comme pour l'approche interprétative, les musées sont des lieux qui peuvent favoriser le courant de la critique sociale. En effet, ce genre d'approche est favorisée par un apprentissage collectif, basé sur l'expression et la confrontation de points de vue, d'opinions, d'arguments qui cristallisent les conflits de valeurs, de représentations et d'enjeux sous-jacents à une question environnementale. Or, la visite au musée est une expérience sociale qui favorise les interactions entre les élèves. En effet, des évaluations ont montré à partir des années 1970 que la visite au musée est une situation d'interactions sociales :

> « *les études révèlent que pour les gens venant en groupe, et peut-être même pour les personnes qui viennent seules et partagent l'espace social du musée avec d'autres groupes, une grande partie du temps et de l'énergie investies dans la visite est consacrée à l'interaction sociale. Les musées sont avant toute chose des environnements sociaux* » (Dierking, 1995).

De même, en réalisant une relecture des travaux d'Habermas (1962, 1992), Rasse (1999) montre que les musées de sciences tendent à devenir des espaces publics partiels, à l'instar des salons, des cafés, des relations épistolaires, qui au XVIIe et XVIIIe siècle formaient un espace public, c'est à dire un espace de discussion libre et critique où les individus construisent leurs points de vue. La sortie au musée apparaît donc comme un processus favorisant les interactions entre les élèves, qui y trouvent un climat d'expression plus favorable que dans la classe.

Plus précisément, nous voulons mettre en évidence trois types de situations muséales favorisant le courant de la critique sociale par un apprentissage collectif.

4.1. L'expertise citoyenne au sein des musées de sciences

Une première situation muséale consiste à faire rentrer les visiteurs dans une démarche d'expertise citoyenne : à travers des expositions, des projets en partenariat, des conférences type « conférence citoyenne », les élèves sont invités à exprimer leurs attentes, leurs demandes, leurs points de vue, leurs connaissances concernant une question précise. Ce type de projet demande des efforts tant de la part des enseignants que de la part des responsables pédagogiques de musées, car il implique une action de longue durée et du travail de préparation et d'analyse des données. Idéalement, ces projets devraient également être l'occasion d'associer plusieurs disciplines scolaires. Par exemple, le thème de l'eau peut être l'objet d'une réflexion sur nos différentes manières de voir l'eau, notamment dans la littérature (français), d'une réflexion sur les enjeux géopolitiques de cette ressource (histoire-géographie), d'une réflexion sur l'importance vitale de l'eau pour les besoins biologiques (sciences de la vie et de la terre) et les besoins économiques (sciences économiques et sociales).

Ce genre de partenariat est particulièrement intéressant quand il est envisagé avec des classes locales. Par exemple, les parcs naturels régionaux pourraient développer des projets d'aménagement du territoire en partenariat avec des écoles. En ce sens, ils deviendraient ce lieu décrit par un représentant :

> « *c'est donc les relations experts-citoyens ; les lieux de rencontre, les différentes formes de forum qu'il faut explorer et pour lesquels il faut favoriser le développement* ».

Un autre exemple illustre cette forme de médiation, celui de la Biosphère, centre scientifique situé à Montréal, consacré aux écosystèmes du Saint-Laurent et des grands lacs. Ce centre a mis en place plusieurs projets, dont le projet *H20, l'eau, une ressource naturelle épuisable* qui a pour objectif de promouvoir la préservation de l'eau. A travers 5 activités proposées et organisées par la Biosphère, mais réalisées en classe, les élèves produisent un ensemble de données qui sont recueillies par la Biosphère. Ainsi, les élèves peuvent comparer avec d'autres classes les résultats de leurs enquêtes, leurs solutions d'économie, et réfléchir aux impacts des actions de chaque individu : consommation, gaspillage, économie etc. Le projet se poursuit par des échanges possibles avec d'autres classes situées partout au Québec, au Canada ou dans le monde.

4.2. Les expositions réflexion

Le deuxième type de partenariat concerne l'exploitation d'expositions dites « réflexion », qui invite l'élève visiteur à se confronter à différents systèmes de représentations du monde et ainsi à analyser les représentations sous-jacentes à une question environnementale, voire à commencer à clarifier ses propres représentations : « *les expositions-réflexion nous interrogent comme individu social et nous invitent à jeter un regard critique sur nous-mêmes* » (Arpin, 1992). Dans ce type d'exploitation du musée, les enseignants et les élèves doivent clairement connaître le message de l'exposition, qui est l'analyse critique des représentations sociales et de leurs influences sur nos comportements vis à vis de la nature, des animaux, de nos modes de vie etc.

Certaines expositions offrent des situations d'apprentissage collectif encore plus abouties en proposant des espaces de réflexion et de discussion (reconstitution de parlement, d'amphithéâtre, de cabinets philosophiques, de cafés-débat etc.) qui dans certains cas sont exploitables par les groupes scolaires. De plus, certains de ces espaces invitent les élèves à s'exprimer et à laisser une trace de leur réflexion ou de leurs points de vue, de manière individuelle ou collective. Il apparaît que ces expositions qui reposent sur la présentation de la diversité des représentations et des points de vue permettent d'atteindre des objectifs complémentaires : susciter la réflexion et la discussion, prendre conscience des conflits de représentations et de leur influence sur les

attitudes, les comportements, les prises de décisions individuelles et collectives.
Précisons cependant que l'exploitation de tels espaces avec les scolaires n'est pas toujours aisée : en effet, il apparaît que bien souvent, ils constituent davantage des défouloirs que de véritables lieux de discussion et de réflexion. A titre d'illustration, citons une initiative intéressante du Centre des Sciences de Montréal, qui faute d'une exploitation sérieuse est remise en cause. Chacune des trois expositions permanentes (dont les titres sont respectivement : Labo Vie, Studio Information, Usine Matière) propose au sein de leur salle des espaces expressions dont le titre constitue comme un appel aux visiteurs : « *Et vous, qu'en pensez-vous ?* ». Selon le Chef éducation et animation du Centre[37],

> « *les espaces expression ont pour objectif de laisser la parole aux visiteurs en ce qui a trait à un sujet d'actualité. On parle de sujet à débat. Par exemple, êtes-vous contre les OGM, pour ou contre le lait cru, pour ou contre l'étalement urbain...* ».

Chaque espace est constitué de la même manière : une colonne centrale où les visiteurs peuvent laisser leurs points de vue sur des post-it, autour de laquelle sont placés trois bancs. Chaque banc comporte au-dessus un panneau écrit, à côté des écouteurs et des fiches. Le panneau introduit la problématique. Avec les écouteurs, le visiteur écoute un débat entre plusieurs personnes. Les fiches complètent ce débat en précisant la biographie des deux personnes qui interviennent.

Lors de la visite du Centre des Sciences de Montréal, un entretien informel avec un animateur présent dans la salle

---

[37] Paré P., entretien réalisé en 2001 dans le cadre de notre recherche doctorale (Fortin-Debart, 2003).

(deux, trois animateurs sont constamment présents dans la salle, ouvrant le dialogue avec les visiteurs à propos de l'exposition en général ou d'un artefact en particulier) nous a permis de cerner certaines difficultés rencontrées avec les scolaires (vols de matériel, commentaires sans aucune relation avec l'exposition etc.). Aussi, il semble que ces espaces n'aient pas beaucoup d'avenir. En effet, Paré[38] souligne que son équipe et lui-même se posent des questions sur la pertinence de ces espaces :

> « *au départ, nous en avions neuf. Aujourd'hui, il en reste trois seulement. Nous avons conservé les questions à débats les plus populaires. Et malgré cela, cette activité n'a pas vraiment d'effet de rétention chez les visiteurs* ».

4.3. Des jeux de rôle interactifs pour des choix de société

Le troisième type d'expérience muséale invite l'élève à prendre des décisions politiques (au sens noble du terme) concernant des questions environnementales, à travers des jeux de rôle interactifs ou multimédia. Ces jeux de rôle interactifs plus ou moins accompagnés de mise en scène spécifique invitent le visiteur soit à gérer une situation précise et contextualisée (construction d'une autoroute, gestion d'une forêt), soit à participer à des choix de société sur des questions plus générales et plus globales. Ces dernières expériences muséales s'inscrivent donc dans une perspective éducative spécifique de l'ERE, l'éducation politique :

> « *l'ERE vise l'apprentissage des mécanismes de gestion des choses publiques (comme celui des audiences publiques, lieu d'apprentissage collectif privilégié) et tend à susciter la motivation à s'y engager* » (Sauvé, 1997).

---

[38] Paré P., op. cit.

Le recours à l'interactivité informatique et à la communication multimédia constitue dans une perspective pédagogique l'occasion pour les élèves de se familiariser avec les nouvelles technologies de la communication et de l'information. De plus, les élèves appréhendent un nouveau processus éducationnel rarement exploité dans le système scolaire : les jeux de rôle. D'après un certain nombre d'évaluations, ces situations semblent bénéficier d'une certaine efficacité pédagogique.
Citons à titre d'illustration le jeu interactif proposé à la fin de l'exposition *Nature Vive* (exposition présentée au Muséum national d'Histoire naturelle de Paris, que nous décrirons plus précisément dans le paragraphe suivant). La dernière partie de l'exposition souligne la complexité de la résolution d'une question environnementale, liée à la diversité des représentations, mais aussi des enjeux, des acteurs, des intérêts divergents et parfois contradictoires. Les concepteurs de l'exposition ont souhaité trouver un exemple proche, parlant et assez symbolique à travers le cas du pique-prune.

En effet, le projet de construction d'une autoroute, qui devait traverser l'habitat de cet insecte a mis en évidence :

> « *l'intrication de considérations d'ordre économique, éthique, politique, écologique et fait intervenir des acteurs sociaux aux intérêts parfois convergents, parfois divergents* » (Roussel-Versini, 2000).

La construction de cette autoroute, au-delà de la menace de l'habitat du pique-prune comportait en effet des enjeux sous-jacents très divers : les capitaux mis en jeu, les accidents sur la nationale, le remembrement des terres etc. Pour évoquer cet ensemble d'enjeux et inviter le visiteur dans une démarche participative, le jeu sur ordinateur s'est imposé aux yeux du responsable muséologique de l'exposition[39] : « *aujourd'hui, pour l'interactivité et les situations compliquées, nous sommes obligés de passer par un mode informatique* ».

Dans ce jeu, le visiteur était invité à s'informer, à prendre connaissance à travers des courtes séquences vidéos des solutions possibles en écoutant les témoignages des différentes personnes impliquées dans ce conflit, et enfin à voter. Il pouvait également consulter les votes des autres visiteurs et participer à un forum : en effet, au-delà du vote, l'interactif proposait un forum de discussion où les visiteurs pouvaient laisser des messages. Cette interactivité semble efficace pour atteindre les objectifs déclarés, même si comme le souligne Grisolia, la prise de conscience n'engage pas forcément une prise de responsabilité : « *un vote par un simple clic n'engage pas la même responsabilité qu'un vote traditionnel* » (Grisolia, citée par Vidal, Parent, 2001).

Attractif et efficace, le jeu de rôle interactif sur ordinateur semble donc pertinent et ouvre la voie à des perspectives intéressantes. Pourtant, il rencontre des obstacles majeurs pour une exploitation avec des scolaires. De manière générale, dans la plupart des expositions, il y a peu de postes informatiques, ce qui pose des problèmes pour la classe elle-même mais aussi en terme de « cohabitation » avec les autres visiteurs. De plus, le temps d'exploitation d'un jeu interactif peut s'avérer trop long, surtout lorsque les visites au musée s'inscrivent en général dans un planning serré (une heure ou deux maximum dans la plupart des cas). Il est évident que ce genre de problèmes se pose moins dans le cas d'expositions

---

[39] Grisolia S., entretien réalisé en 2002, dans le cadre de notre recherche doctoral (Fortin-Debart, 2003).

entièrement interactives comme il peut en exister à la Cité des sciences de la Villette par exemple.

Pourtant il serait dommage de ne pas exploiter ces jeux de rôle, qui d'un point de vue positif attirent les jeunes et induisent des résultats intéressants chez les utilisateurs. Finalement, l'expérience menée pour l'exposition *Nature vive* qui consistait à proposer en parallèle le jeu du vote sur le site web du Muséum, pourrait éventuellement être une voie intéressante, en tout cas pour les écoles équipées. Vidal et Parent (2001) soulignent cependant que la visite de l'exposition favorise la motivation à participer par exemple au forum proposé après le jeu. Sur la période du 5 décembre au 13 juin 2001, 7452 visiteurs ont voté (872 sur Internet) et 1859 messages ont été laissés par des visiteurs de l'exposition (37 messages sur Internet). En effet, la faible participation sur Internet peut s'expliquer par certaines lourdeurs inhérentes à Internet (temps de chargement etc.) mais aussi par le fait que l'exposition incitait davantage les visiteurs au débat :

> « *on peut se demander si l'exposition réelle ne permettrait pas une meilleure sensibilisation aux questions de la protection de la nature, comparée à la consultation d'un site web. Le visiteur serait alors plus tenté de prendre part au débat* » (Vidal, Parent, 2001).

La visite semble donc être un facteur déclenchant. L'idéal serait donc d'envisager une visite libre ou guidée, suivie de l'exploitation du jeu de rôle de retour en classe comme activité post-visite. Dans cette perspective, l'orientation prise par certains musées dans la création de site Internet et/ou de CD-Rom semble une voie que le partenariat école-musée a tout intérêt à exploiter. Notons que dans ce cas, la séquence éducative ne repose plus sur les spécificités du média musée. En effet, la réalisation de jeux interactifs sur CD-Rom ou sur

Internet n'est pas une spécificité du musée et peut être envisagée par de nombreuses autres structures d'information ou de vulgarisation.

5. La complémentarité des trois approches et conséquences sur le partenariat école-musée

Les trois approches que nous venons de décrire sont en réalité complémentaires et, abordées dans l'ordre que nous avons proposé, elles constituent une séquence logique et cohérente d'ERE. En cela, elles favorisent une démarche holistique qui prend en compte toutes les dimensions de la personne (cognitive, affective, sociale, morale) ainsi que les différents aspects de la question environnementale replacés dans leur contexte spatio-temporel, culturel, économique, politique, affectif, social etc.

Chaque approche sera plus ou moins développée selon le thème abordé, les objectifs de l'enseignant et surtout selon l'âge des élèves : on peut penser que de jeunes élèves seront plus motivés par une approche interprétative alors que des adolescents seront davantage attirés par une approche socialement critique.

Nous insistons sur le caractère complémentaire de ces approches, car finalement, c'est sur ce point que la médiation muséale pose problème. En effet, l'analyse des questionnaires envoyés aux représentants de musées montre que ces derniers privilégient les approches interprétative et positiviste. Il s'agirait donc d'une manière générale de développer un contact étroit avec l'environnement, de transmettre des connaissances et de favoriser des comportements. Or, la limite de l'ERE à ces deux derniers objectifs constitue une approche behavioriste critiquable. On trouve les fondements de cette orientation dans l'idée que « *la crise écologique est une crise de comportements mal adaptés* » (Rooney, Larochelle, 1998-1999), ce que critiquent Robottom et Hart (1993) :

> « *le cadre de référence déterministe du béhaviorisme qui consiste à influencer les comportements en intervenant sur des variables susceptibles d'être contrôlées. Selon ces auteurs, cette approche est incompatible avec une éducation relative à l'environnement axée sur l'autonomie et le développement d'une pensée critique* » (Sauvé, 1997).

Par ailleurs, Boillot-Grenon (1999) dénonce la dérive du positivisme vers une orientation « sécuritaire » et « clinique » de l'environnement qui pose de nombreux problèmes et

> « *déclenche à l'heure actuelle des actions plus fortement liées à des problèmes, des limites, des dysfonctionnements, des risques (...) et implique, en majorité des experts, des écoconseillers, des décideurs, des ingénieurs* ».

Cette dérive est caractérisée par l'importance accordée à l'expertise et par une « *prégnance exponentielle de la technoscience sur la société* » (Boillot-Grenon, 1996).

De plus, cette appréhension des questions environnementales par le biais des problèmes et de la responsabilisation implique une prudence particulière avec le public enfant :

> « *finalement, je crois que la plupart sinon tous les problèmes du monde naturel ne devraient pas être transférés aux écoles dans l'espoir que les enfants les résolvent maintenant ou plus tard lorsqu'ils seront adultes. Peut-être devrions-nous prendre nos responsabilités comme adultes et le faire nous-mêmes* » (Berryman, 1997).

Pour illustrer les limites de l'approche positiviste, nous allons comparer deux approches muséales différentes pour un même thème, celui des déchets. La description de la première approche est issue du dossier pédagogique qui accompagne une exposition réalisée par un Centre de Culture Scientifique et Technique sur le thème des déchets. Ce dossier décrit que,

> « *l'exposition permet d'apporter une information sur la situation des déchets ménagers et des problèmes qu'ils posent ; de montrer les différentes solutions accessibles pour éliminer les déchets ; d'acquérir des connaissances simples qui conduisent à améliorer les comportements individuels* ».

L'approche positiviste est ici largement privilégiée : l'exposition apporte des connaissances pour que l'élève change ses comportements en matière de tri sélectif notamment. En envisageant uniquement la responsabilité individuelle de l'élève, l'exposition ne peut-elle pas susciter un sentiment de culpabilité et surtout occulter les données sociales et politiques de la responsabilité collective ? Le problème des déchets ne concerne pas uniquement nos comportements individuels de tri, mais aussi, des comportements collectifs en terme de consommation, de marketing etc., toute une réalité sociale qui est ici occultée et que l'enseignant devra alors aborder lui-même.

En comparaison, cette réalité sociale est abordée dans une activité proposée par un CPIE, activité décrite de la manière suivante dans le dossier pédagogique :

> « *notre société de consommation produit des déchets dont la quantité et la diversité ne cessent d'augmenter. Face à ce problème, la cohérence entre l'action individuelle et collective fait partie des solutions. Chaque élève est donc concerné par la question de la maîtrise des déchets* ».

En replaçant ainsi le thème des déchets dans un contexte social (société de consommation, action collective), l'animation présentée ici apparaît plus proche des réalités sociales entourant la question des déchets. En invitant les élèves dans cette approche, la dimension éducative n'est alors plus axée sur la notion de problèmes mais sur l'idée que ces questions environnementales sont des choix de société et que rien n'est inéluctable.

Rares sont les expositions qui associent les trois approches. Pourtant, quelques cas méritent d'être soulignés et constituent pour les enseignants de réels supports pour une ERE. A titre d'illustration, nous allons évoquer à nouveau une exposition présentée en 2000 au Muséum national d'Histoire naturelle de Paris : *Nature Vive*. Cette exposition avait pour but d'aborder une question environnementale, la protection de la nature, par le biais des représentations. Plus précisément, *Nature Vive* souhaitait montrer aux visiteurs comment nos différentes représentations de la nature (représentations affectives, culturelles etc.) influencent nos comportements. La première partie exposait ainsi les différents regards que l'on peut porter sur la nature selon nos émotions mais aussi selon les cultures :

> « *la première partie exprimait la diversité des regards sur la nature avec des petites histoires qui étaient racontées. Chacun des textes commençaient toujours sur le même principe : on disait par exemple « pour les peintres... » pour évoquer le domaine artistique, « pour les scientifiques... », « dans notre culture occidentale... » etc.*»[40].

Ces différents regards étaient également représentés par le choix des spécimens qui exprimaient les différentes émotions

[40] Grisolia S., op. cit.

face à la nature : par exemple, le podargue papou pour l'étonnement, le serpent pour la peur, des cristaux pour l'émerveillement, un crapaud pour le dégoût et enfin de jeunes singes pour l'attendrissement. Cette première partie présentait donc la diversité des regards sur la nature, diversité liée aux émotions, aux cultures etc., s'inscrivant ainsi dans une approche interprétative.

La deuxième partie intitulée *Nature prisée, nature méprisée* présente :

> « *l'appauvrissement de la nature lié aux différents regards portés sur cette nature. Par exemple, la vision d'une nature sans limite nous a amenés à sa surexploitation. La vision d'une nature qui peut tout absorber nous a amenés aux pollutions. La nature est dangereuse, elle nous met en danger, et c'est l'extermination des nuisibles* »[41].

A travers l'exemple de la destruction des habitats, de la surexploitation des espèces, de l'éradication des nuisibles, des collectes, des pollutions, la deuxième partie de l'exposition met donc l'accent sur les conséquences de nos regards sur nos comportements vis à vis de la nature.

Elle souligne également l'évolution de ces regards devant l'appauvrissement de la nature :

> « *notre volonté de maîtriser la nature, notre puissance technique qui n'a cessé de s'accroître depuis le XVI*e *siècle, ont transformé nos conditions de vie. Mais elles nous ont aussi révélé les limites de la nature. D'un regard conquérant, nous sommes passés à un regard inquiet sur une nature qui paraît fragile et appauvrie* » (Roussel-Versini, 2000).

---

[41] Grisolia S., op. cit.

Cette deuxième partie s'inscrit davantage dans une approche positiviste qui privilégie le transfert d'informations. De ces deux premières parties découle l'idée que la protection de la nature est avant tout une question de représentations :

> « *on a vu dans la première partie toute la diversité des regards qu'on pouvait porter sur la nature. La deuxième partie précise alors que c'est à cause de ces différents regards qu'on en est arrivé à détruire la nature. L'idée est que c'est notre regard qu'il faut changer* »[42].

Enfin, la dernière partie offre un regard plus critique sur ces représentations et s'inscrit dans la recherche « *d'une nouvelle éthique qui change notre regard sur la nature* » (Roussel-Versini, 2000), abordant ainsi plus spécifiquement une approche critique et sociale des questions environnementales. Elle montre comment pour « vivre ensemble » il faut prendre en compte la diversité des représentations, des objectifs, des enjeux divergents, contradictoires dans le contexte du problème soulevé :

> « *pour l'éléphant, on montrait que les occidentaux ont considéré cet animal comme une espèce menacée en Afrique et ont voulu le protéger envers et contre tout. Or en Afrique, la situation de l'éléphant et les situations humaines sont différentes d'un pays à un autre. La protection a conduit localement à des surpopulations et à des dégâts importants* »[43].

Cette dernière partie souhaite donc faire état de la complexité d'une question, qui cristallise des regards différents et des intérêts divergents, liés notamment aux différences

---

[42] Grisolia S., op.cit.

[43] Grisolia S., op. cit.

culturelles. Elle souligne également la nécessité de changer ces regards :

> « *ce qui marche en terme de préservation, c'est quand on change le regard des occidentaux. Plutôt que de dire il faut changer les comportements, on voulait dire qu'il fallait d'abord changer nos représentations de la nature* »[44].

L'objectif de l'exposition était donc de susciter un questionnement à propos de nos représentations de la nature, de l'impact de ces représentations sur nos comportements vis à vis de la nature et de la nécessité de prendre en compte les différentes représentations dans les actions de préservation :

> « *les choix que nous effectuons face à la nature dépendent des représentations que nous avons de nos relations avec elle. Diversité des représentations, diversité des points de vue : ce sont des compromis qu'il faut élaborer, des ajustements perpétuels à chercher etc.* » (Roussel-Versini, 2000).

6. Conclusion

D'après ce que nous venons de voir, il existe donc pour les enseignants plusieurs possibilités. L'enseignant peut construire une séquence pédagogique progressive, selon les trois approches décrites précédemment. Pour chaque approche, il choisit d'exploiter le musée ou bien de réaliser des activités en classe. Cette démarche de l'enseignant implique un investissement lourd : construire lui-même sa séquence d'ERE implique qu'il soit formé à l'ERE en général. De plus, pour choisir les expositions et les intégrer

---

[44] Grisolia S., op. cit.

dans sa séquence, il faut qu'il maîtrise un minimum l'offre muséale.

Un partenariat plus « passif », consiste en l'exploitation d'une exposition ou d'un projet qui, en associant les trois approches successives que nous venons d'évoquer, offre une démarche cohérente et aboutie d'ERE. En nous appuyant sur les résultats de notre recherche, et comme nous l'avons déjà souligné, nous estimons que ce genre d'exposition est plutôt rare, malgré l'engouement des musées de sciences pour les thématiques environnementales. Ces limites ne doivent pas pour autant décourager les enseignants : la muséologie de l'environnement évolue, les recherches dans le domaine du partenariat en ERE également. En résumé, le musée a des potentialités très intéressantes qui rencontrent toute fois leurs propres limites :

> « *Le musée ne peut prétendre à davantage qu'à se faire l'écho des réalités sociales dont la présentation, l'évocation peuvent tout de même susciter un éveil, une sensibilisation, voire (...) cristalliser des volontés d'agir. De cette manière, le musée peut encore contribuer à accréditer des pratiques nouvelles, mais il ne peut, à lui seul, les créer de toutes pièces* » (Arpin, 1992).

Dans cette perspective, il faut donc encourager les partenariats pour que l'école et le musée s'enrichissent mutuellement et développent une ERE qui réponde réellement aux enjeux actuels.

Bibliographie

Arpin, R., (1992) Le Musée de la Civilisation, concepts et pratiques. Québec : Editions Multimondes, Musée de la Civilisation.

Astolfi, J-P., Develay, M., (1989) La didactique des sciences. Paris : PUF.

Berryman, T., (1997) Bulletin d'information du Centre de la Montagne. n°13, Montréal.

Bidou, J.E., (2001-2002) Nouveaux publics, nouveaux partenaires. Le partenariat en éducation relative à l'environnement, Education Relative à l'Environnement. Regards. Recherches. Réflexions. Poitiers : Institut de formation et de recherche en éducation à l'environnement, 3, p.7-10.

Boillot-Grenon, F., (1999 Clarifier les représentations des partenaires de l'Education Relative à l'Environnement. *Aster.* L'école et ses partenaires scientifiques. Girault Y., Darot E. (coord.). Paris : INRP, 29, p.61-84.

Boillot-Grenon, F., (1996) L'évaluation, moteur de l'innovation. Processus de conception d'un livre-jeu d'éducation et de vulgarisation environnementales. Genève : Thèse de Doctorat de la Faculté de psychologie et des sciences de l'éducation de l'Université de Genève.

Cohen, C., (2002) Contribution à l'étude des relations entre l'Ecole et le Musée. Vers une formation de l'enfant visiteur. Paris : L'Harmattan.

Davallon, J., Grandmont, G., Schiele, B., (1992) L'environnement entre au musée. Lyon : Presses Universitaires de Lyon. Québec : Musée de la Civilisation de Québec.

Dierking, L.D., (1995) Rôle de l'interaction sociale dans l'expérience muséale, Publics et Musées. Lyon : Presses Universitaires de Lyon, 5, p.19-43.

Fortin-Debart, C., (2003) Contribution à l'étude du partenariat école-musée pour une éducation relative à l'environnement : analyse des caractéristiques et des potentialités du partenaire musée, thèse de doctorat en Muséologie du Muséum national d'Histoire naturelle.

Fortin-Debart, C., (2001-2002) Le partenariat école-musée en éducation relative à l'environnement : analyses et perspectives. Le partenariat en éducation relative à l'environnement, Education Relative à l'Environnement. Regards. Recherches. Réflexions. Poitiers : Institut de formation et de recherche en éducation à l'environnement, 3, p.107-124.

Fortin-Debart, C., (1999) Analyse de l'offre des institutions muséales en médiation environnementale *Aster.* L'école et ses partenaires scientifiques. Girault Y., Darot E. (coord.). Paris : INRP, 29, p.85-100.

Giolitto, P., Clary, M., (1994) Eduquer à l'environnement. Paris : Hachette éducation.

Girault, Y., (1993) Les présupposés pédagogiques des principaux types de musées scientifiques actuels. Les musées de sciences naturelles au cœur du débat environnemental. Prescott J., de Koninck M-C., Farrar C. (dir.). Québec :

Jardin zoologique du Québec, Musée de la Civilisation, p.41-48.

Girault, Y., Fortin-Debart, C., (2002) Le musée forum, un difficile consensus. L'exemple du Muséum national d'Histoire naturelle. La science dans la cité. Quaderni. Gentilly : Editions Sapienta, 46, p.147-162.

Habermas, J., (1992) L'espace public, trente après. Les espaces publics. Quaderni. Gentilly : Editions Sapienta, 18.

Habermas, J., (1962) L'espace public. Paris : Editions Payot.

Kalaora, B., (1998) Au-delà de la nature l'environnement. L'observation sociale de l'environnement. Paris : L'Harmattan.

Liarakou, G., Flogaitis, E., (2000) Quelle évaluation pour quelle éducation relative à l'environnement ? L'évaluation en Education Relative à l'Environnement. Education Relative à l'Environnement. Regards. Recherches. Réflexions. Luxembourg : Fondation Universitaire Luxembourgeoise, Montréal : Université du Québec à Montréal, 2, p.13-30.

Rasse, P., 1999) Les musées à la lumière de l'espace public. Des collections à la communication. Paris : L'Harmattan.

Robottom, I., Hart, P., (1993) Research in Environmental Education. Victoria : Deakin University Press.

Rooney, E., Larochelle, M. (1998-1999) Esquisse des types de recherche dans le domaine de l'éducation relative à l'environnement. Bilan, enjeux et perspectives de la recherche en Education Relative à l'Environnement. Education Relative à l'Environnement. Regards. Recherches.

Réflexions. Luxembourg : Fondation Universitaire Luxembourgeoise, 1, p. 171-178.

Roussel-Versini, V., (2000) Nature vive, hors-série Sciences et nature.

Sauvé, L., (1997) Pour une éducation relative à l'environnement. Montréal : Guérin.

Sauvé, L., (1994) Pour une éducation relative à l'environnement. Eléments de design pédagogique. Montréal : Guérin.

Tardif, G. et col., (1997) Intégration de l'éducation relative à l'environnement aux activités d'interprétation, Guide méthodologique. Québec : Direction du plein air et des parcs, Service de l'Education, Ministère de l'environnement et de la faune du Québec, 1.

Van Praët, M., (1989) Contradictions des musées d'histoire naturelle et évolution de leurs expositions. Faire voir, Faire savoir. La muséologie scientifique au présent. Schiele B. (dir.). Québec : Musée de la Civilisation, p.25-34.

Vidal, G., Parent, A., (2001) Musée de sciences en ligne, vote et message électronique, Communication au colloque de Minneapolis, Internet Research 2.0, 10/14 octobre 2001.

L'accueil du public scolaire dans les aquariums

Annelise Heitz - Yves Girault[45]

1. La fréquentation des aquariums en quelques chiffres

Visiter un aquarium n'est pas une coutume en France. C'est moins populaire qu'aux Etats-Unis.

> *« La fréquentation des aquariums français reste faible comparée à la fréquentation des établissements étrangers. Si l'on exclut l'aquarium de Monaco qui reçoit autour d'un million de visiteurs par an[46], la fréquentation maximale stagne autour de 150 000 visiteurs annuels pour la grande majorité des établissements » (Tassigny 1989).*

Les visiteurs semblent se satisfaire de la visite d'un seul aquarium et ne trouvent pas nécessaire d'en voir d'autres de peur de découvrir la même chose. Tassigny (1989) précise que *« trois ou quatre millions de visiteurs annuels visitaient l'ensemble des aquariums français en 1980, mais plus de la moitié considéraient qu'ayant vu un aquarium ils n'avaient rien à apprendre d'un autre... »*. Jones (1999) confirme ce constat : *« des enquêtes ont montré que les visiteurs considèrent que les aquariums sont tous les mêmes alors que la visite d'un musée prédispose à en visiter un autre »*.

Chaque année, on note un pic de fréquentation pendant les mois de juin, juillet et août correspondant respectivement aux

---

[45] Unité Scientifique du Muséum Muséologie et Médiation des Sciences.

[46] 708 000 en 1998.

périodes de sorties de fin d'année scolaire et aux vacances estivales. Océanopolis accueille 50% du public annuel entre le 15 juin et le 15 septembre. Les conservateurs d'aquariums déplorent cette concentration en fin d'année scolaire au détriment de la qualité d'accueil (Peron, 1992). Pour remédier à ceci, Nausicaä privilégie les abonnements scolaires de septembre à mars permettant de fidéliser des classes locales. Ces classes élaborent ainsi un projet sur l'année scolaire.
En ce qui concerne l'accueil du public scolaire, il est difficile d'avoir les chiffres précis car la plupart des aquariums ne sont pas informatisés. Les entrées gratuites ne sont pas comptabilisées très souvent comme à Banyuls (gratuité pour les écoles du département), à Biarritz (gratuité pour les scolaires du district du 1er octobre au 31 mars) ou à l'aquarium du Musée des Arts d'Afrique et d'Océanie (gratuité pour les moins de 18 ans). On peut noter aussi une certaine réticence à communiquer ce type d'information par souci de confidentialité. Nous avons cependant pu obtenir quelques données que nous allons présenter dans les lignes qui suivent.

Quatre pôles se distinguent en termes de fréquentation : l'aquarium du musée océanographique de Monaco, Nausicaä[47], Centre national de la mer à Boulogne-sur-mer (650 000 à Nausicaä, 150 000 enfants en groupe), Océanopolis[3], parc de découverte des océans et La Rochelle. Leur fréquentation globale annuelle se situe entre 550 000 et 700 000 visiteurs. La proportion de l'accueil des scolaires est de l'ordre de 10 à 15%.

[47] Ouverture de l'extension en 1998 pour Nausicaä et en 1999 pour Océanopolis.

En ce qui concerne des structures de plus petites tailles, on peut noter un accueil plus important des scolaires : le Centre de la mer de l'Institut océanographique à Paris estime à 50% d'élèves venus avec leurs classes. Pour les aquariums de Nancy et d'Aix-les-bains, la proportion s'élève à un tiers de la fréquentation globale, il en est de même pour le récent aquarium de La Réunion qui pour son deuxième anniversaire avait reçu 302 000 visiteurs dont 100 000 enfants.
Aux Etats-Unis, l'aquarium de Chicago accueille environ 2 millions de visiteurs par an dont 150 000 scolaires (soit 7,5%). Il est difficile de comparer ces chiffres avec les structures françaises mais il est tout de même intéressant de remarquer que l'accueil du public scolaire est limité malgré la grande capacité d'accueil.
Vallette (2001) en rappelant l'importance du nombre de visiteurs accueillis chaque année dans les aquariums d'une part et d'autre part en spécifiant une nouvelle attitude à l'égard des océans confirme le rôle pédagogique des aquariums. Leur rôle essentiel est de *« faire naître cette nouvelle culture de la mer»*. D'une certaine façon, éduquer est un « engagement ». Ce rôle éducatif apparaît en tout cas, sous des formes diverses, comme un objectif fort des participants à la 1re Rencontre Internationale des Aquariums, Musées et Centres de Sciences (1999)[48].
Si le rôle éducatif paraît évident pour les musées et centres de sciences (c'est leur vocation première, et la raison principale de leur fréquentation), cela semble moins évident pour les aquariums dont la majorité sont des établissements privés. Cependant, Tassigny (1989), définissant le rôle culturel des aquariums publics, précise que *« les enfants des écoles*

[48] La première rencontre internationale des aquariums, musées et centres de sciences en juin 1999, à Boulogne-sur-mer. La seconde a eu lieu du 17 au 20 novembre 2002.

forment un public de choix sur lequel l'aquarium peut porter son effort éducatif ».
L'accueil des enfants en groupes (y compris les centres aérés) selon Peron (1992) est *« l'essentiel du travail pédagogique des aquariums, qui représente en moyenne 15 à 20% du nombre de visiteurs annuels »*. Si on ramène ce pourcentage aux seuls groupes scolaires, on obtient une moyenne de 10 à 15% pour l'ensemble des aquariums de l'UCA[49]. Parsons (1995) souligne cependant la part modérément importante de l'accueil des scolaires : *« 50 000 à 100 000 jeunes bénéficient de programmes pédagogiques spécifiques alors que 500 000 à 1,5 millions de gens visitent les aquariums »*.
En réalité, comme le soulignent ces données le pourcentage des scolaires peut varier de 3 à 20%.
Quels sont les types d'activités qui sont le plus souvent proposées aux élèves par les responsables d'aquariums, c'est ce que nous allons décrire dans les lignes qui suivent.

2. La prise en compte de la dimension pédagogique dans la conception d'aquariums

Dans le cadre des créations ou de la réhabilitation de nouveaux aquariums, quatre facteurs principaux vont permettre de développer des activités pédagogiques en leur sein. Nous étudierons donc successivement l'impact de l'approche thématique, de la création de grands bassins, de la création de bassins tactiles et enfin de l'orientation vers des programmes de protection de la nature.

---

[49] L'Union des Conservateurs d'Aquariums s'intéresse à promouvoir les aspects à la fois culturels (information du public) et pédagogiques (en direction des scolaires et des étudiants) mais aussi et de plus en plus, scientifiques (en liaison avec des laboratoires de recherche universitaires), sans oublier l'aspect « conservation ».

2.1. La présentation thématique

De part leurs présentations thématiques, les aquariums ou centres de la mer de la dernière génération facilitent la pratique de nouvelles démarches pédagogiques. En effet, il ne s'agit plus de présenter des espèces bacs après bacs, mais de proposer une trame narrative dont le fil conducteur est spécifique à chaque établissement.

Ainsi, en France, depuis les années 85, de nombreux établissements se consacrent entièrement ou partiellement à la présentation de la faune continentale régionale. L'aquarium de Boulogne-sur-mer présente à travers chaque aquarium ou bassin une thématique. La mer est milieu de vie (depuis le plancton, base de la vie dans les océans jusqu'aux adaptations dans les mers chaudes et les mers froides). La mer est source de richesses pour l'homme aujourd'hui et demain (les utilisations de la mer par l'homme : la mer comme moyen de transport, comme lieu de vie, comme ressources minérales, végétales, animales, et notamment comment préserver ces ressources pour pouvoir en bénéficier encore demain). L'aquarium de la Cité des Sciences invite les visiteurs à voyager dans les différents milieux marins méditerranéens. Les aquariums de Brest et de Monterey (Etats-Unis) présentent des espèces locales et guident le visiteur de la surface vers les grandes profondeurs. Il en est ainsi de l'aquarium de la Réunion dont le parcours de visite chemine à travers cinq espaces d'expositions : les pentes rocheuses, les jardins coralliens, les profondeurs récifales, le grand large, le patrimoine marin.

Schwartz (2000) nous rapporte une expérience originale. Il s'agit de l'intégration d'aquariums dans un musée de géologie, à Digne-les-Bains. Les responsables de cet établissement ont souhaité montrer un maximum de groupes d'animaux marins qui ont été fossilisés. C'est ainsi qu'ils ont mis en parallèle des fossiles de limules – datant de 145

millions d'années – et une espèce vivant actuellement en Floride, afin de permettre aux visiteurs de constater que certains animaux ont très peu évolué en 150 millions d'années. Ils ont pris le parti de ne pas reconstituer au sein des différents bacs les seuls écosystèmes actuels, mais au contraire de présenter des environnements géologiques liés à la présentation de thèmes paléontologiques pour, *in fine,* traiter du patrimoine géologique.
Notons donc que la définition claire du message véhiculé par l'institution muséale est vraiment importante. Il est essentiel d'expliciter les présupposés pédagogiques et scientifiques liés à la conception du parcours de visite[50]. Les responsables d'aquariums facilitent ainsi le travail du médiateur (parent ou professeur) tout au long de la visite, et permettent d'autant plus la conduite de projets pédagogiques. D'autre part la possibilité de proposer un parcours thématique autour de petits bacs semble de plus en plus obsolète. En effet, dans le cadre de leur évolution et du contexte plus global de l'évolution des structures muséales, comme nous allons le préciser, de très nombreux aquariums se sont équipés depuis une dizaine d'années de grands bassins.

2.2. La création de grands bassins : La nature est donnée en spectacle

« Le concept de l'immersion totale a vu le jour durant la dernière décennie. Il donne aux visiteurs l'impression d'évoluer dans un milieu naturel pourtant recréé artificiellement », Van den Sande (2001).
Il en est ainsi des pavillons polaire et tropical d'Océanopolis et de Nausicaä, de l'exhibit du Saint Laurent marin présenté

[50] Cf dans le même ouvrage l'article d'Yves Girault : « Le musée de science : d'un parti pris épistémologique à la prise en compte des publics ».

au Biodôme de Montréal qui se proposent de présenter conjointement

Tableau 1 : comparatif des aquariums d'ancienne et de nouvelle générations, d'après les données de Van den Sande (2001)

	Ancienne génération	Nouvelle génération
Taille volume des bacs	limités	Très importants
Équipement	simple	Haute technologie
Communication pédagogie	Information au public restreinte	Sophistiquée
Lieu d'implantation	Eloigné du bord de mer	Proximité d'un pôle maritime

divertissement et information scientifique de haut niveau. Plus modestement, l'aquarium privé de la Réunion propose des bassins allant de 3 000 à 340 000 litres, chacun d'eux étant lié à une thématique spécifique mis en scène de façon visuelle, sonore (5 points vidéo) et interactive.
Cette tendance à l'augmentation considérable de la taille des bassins de présentation va de pair avec un souci réel de reproduire au mieux le milieu d'origine de la faune présentée.

Ces nouvelles réalisations font en sorte que le visiteur se sente entouré par le milieu aquatique grâce à des effets spéciaux comme au théâtre avec des lumières, des vagues et des courants marins programmés.

«Cette nouvelle dimension aquariologique donne une vision spectaculaire du monde marin et profite des innovations technologiques pour mettre en place des

bassins uniques. C'est le début de la « course à la muséographie aquariologique » prenant modèle sur les aquariums américains » (Maréchal 2000).

Dans certains cas, il s'agit même de projeter le visiteur dans un milieu par la présentation, en direct par un plongeur présent au sein d'un bassin de démonstration, d'un écosystème marin. Océanopolis, Nausicaä et l'aquarium de la Réunion pratiquent ces mêmes animations. À Océanopolis, on invite le visiteur à plonger directement dans la forêt de laminaires en suivant en direct les commentaires du plongeur. A l'aquarium de Monaco, un plongeur commente en direct son exploration en milieu naturel et il répond aux questions des visiteurs.

Ces nouvelles présentations non seulement facilitent énormément l'utilisation pédagogique des collections vivantes, mais en sont les soubassements. En effet, comment pourrait-on prétendre de nos jours développer des activités pédagogiques dans un établissement dont les présentations ne prendraient nullement en compte les données récentes issues des travaux des biologistes et des éthologistes ? Comment pourrait-on prétendre donner le goût de l'observation par la seule présentation de petits bacs ? Cependant comme nous allons le souligner, la présentation d'animaux dans des bacs spectaculaires si elle est nécessaire, n'est pas suffisante pour permettre l'acquisition de nouvelles connaissances.

2.3. La création de bassins tactiles

Afin de mieux impliquer le visiteur, de nombreux établissements proposent également des animations basées autour de bassins tactiles. A Nausicaä, le bassin des raies permet au public de les caresser à leur initiative sans guide.

Alors qu'au Centre de la mer à Paris, le bord de mer breton est présenté à travers une flaque autour de laquelle le jeune public peut découvrir le vivant. L'arrêt sur image permet une approche naturaliste.
Au Danemark depuis 1992, l'Aquarium de Charlottenlund offre une structure pédagogique qui fait partie intégrante de l'école. Partant du principe que la seule possibilité de casser la vitre était de faire des bassins ouverts avec libre accès, ils ont réalisé sept bassins tactiles qui sont à la disposition des élèves qui peuvent mener leurs propres expériences sous la direction d'étudiants en biologie de l'université. Aux Etats-Unis, des études (Falk, 1998) montrent que l'enseignement est grandement facilité lorsque l'étudiant est en contact direct avec le sujet, de préférence lors de stages sur le terrain mais aussi dans les expositions interactives des musées et grâce à des maquettes. L'aquarium semble plus accessible au public par des démonstrations interactives efficaces.
À Hong Kong, l'Ocean Park présente le bassin aux requins, mis en place depuis 1993 en se jouant des appréhensions des visiteurs. Le parti-pris est simple, à l'aide d'expériences tactiles, les responsables souhaitent démythifier les idées fausses sur ces animaux, afin d'induire une relation plus proche du visiteur avec les requins et de le motiver à découvrir comment et où ils vivent. Les responsables estiment enfin que, grâce à cette animation, le visiteur sera peut-être plus à même d'agir en vue de leur protection.

2.4. L'orientation vers des programmes de protection de la nature

Depuis environ 10 ans, l'une des positions très en vogue dans les parcs zoologiques et les aquariums, c'est la sensibilisation du public aux programmes de conservation de la Biodiversité.

« Les institutions existantes s'efforcent d'adapter leurs installations aux connaissances actuelles, aux besoins biologiques de mieux en mieux connus, et participent activement à la conservation de la nature par des programmes de reproduction des espèces menacées » (Paul Van den Sande, 1993).

Peu de personnes ont la possibilité de découvrir le vivant sous la mer, alors que la visite d'un aquarium permet d'en découvrir une partie. C'est la raison pour laquelle, grâce aux informations qu'ils distillent sur l'environnement, les aquariums deviennent des ressources pédagogiques pour instruire et guider les visiteurs dans l'appréciation de la nature. N'oublions pas cependant que les centres de la mer sont aussi et surtout des espaces de découverte où le public ressort chargé d'une grande émotion. Tout dans la muséographie les incite à découvrir le monde marin comme un monde merveilleux. On essaie également de montrer l'impact de l'homme sur son milieu de vie sans casser la magie ! Le parti-pris implicite est donc le plus souvent d'utiliser cet impact émotionnel pour inviter le visiteur à modifier son comportement. Van den Sande souligne l'importance des quatre bases d'un aquarium moderne : le divertissement, la possibilité d'en savoir plus sur la biologie des organismes vivants présentés, la transmission du message de la recherche scientifique et la participation active ou passive à la protection de la nature. Enfin, Van den Sande (1993) précise que :

«partout dans le monde, les gens sont de plus en plus concernés par leur environnement et les ressources naturelles. En leur fournissant des informations précises, de bons programmes pédagogiques, d'excellentes présentations et une information adaptée sur les programmes d'élevage des espèces en voie de

disparition, les aquariums peuvent jouer un très grand rôle».

Hankin (1995) prétend pour sa part que les visiteurs venaient auparavant pour se divertir mais que maintenant, ils veulent plus. Il propose cinq étapes pour décrire les nouveaux rôles et objectifs des aquariums en ce qui concerne la protection de l'environnement dans les projets destinés au public : divertir, engager, informer, motiver et agir en donnant les moyens aux gens de se rendre acteur dans la protection du monde aquatique. Il conclut en précisant que le principal objectif des aquariums est d'aider le public à avoir un regard critique sur la protection de l'environnement et l'inciter à changer son comportement vis-à-vis du monde aquatique.

Ce point de vue est partagé par Philippe Vallette, (Directeur Général de Nausicaä)[51], pour qui les aquariums ont *« la responsabilité de faire comprendre que l'avenir de tous est dans les mains de chacun d'entre nous à condition d'agir ensemble».*

Enfin, selon Nightingale (2001), l'éducation est une des principales justifications pour le maintien d'animaux vivants en captivité. Il insiste sur la « *Mise en scène des informations*» et l'« *Appel à l'émotion* ». Au-delà de la diffusion des connaissances sur les animaux ou les écosystèmes, il s'agit d'aller vers un ensemble plus large d'activités. L'objectif est de sensibiliser le grand public aux besoins de maintenir les habitats aquatiques des animaux tout en précisant que les

---

[51] À l'occasion de la 1re rencontre internationale des aquariums, musées et centres de sciences, du 6 au 9 juin 1999 à Nausicaä, Centre national de la mer à Boulogne-sur-mer. « Une nouvelle attitude à l'égard de l'océan : un objectif pour l'avenir pour une meilleure gestion des ressources océaniques, sensibilisons notre public ».

problèmes anthropiques de conservation ont un impact sur ces environnements aquatiques à court terme. Certains aquariums commencent d'ailleurs à entreprendre une participation active et à trouver les moyens d'une action publique. Ainsi, selon Garibaldi (2001), le nouveau rôle des aquariums du 21e siècle consiste à être plus « *impliqués dans les programmes de réhabilitations et de mise en place de réserves et d'habitats protégés, autant que dans les recherches in situ* ». Schwammer (2001) va plus loin en appuyant le rôle de « *communication des connaissances scientifiques applicables à la protection des habitats naturels* ».

Ainsi, l'émerveillement que suscitait autrefois la rencontre avec des univers inconnus a permis aux aquariums de première génération de proposer une fenêtre ouverte sur la diversité du monde pour des gens qui ne voyageaient pas. Cependant l'essor actuel considérable des moyens de communication

> «*permet maintenant à tout un chacun de parcourir la planète sans difficultés, en se rendant physiquement dans les paysages les plus exotiques et surprenants grâce à l'essor du tourisme de masse, ou en y allant virtuellement par image et écran cathodique interposés. Ainsi, le sens, l'intérêt et la raison d'être de ces établissements peut-il être ce qu'il était il y a un siècle de ça*» (Rasse, Girault, 1996).

C'est la raison pour laquelle, afin d'accroître l'attrait du public, les aquariums de seconde génération offrent des bacs plus grands permettant une vision plus globale qui se trouve parfois même complètement entouré d'eau. Mais compte tenu notamment du développement de la plongée sous marine les aquariums de troisième génération proposent des substituts faisant appel à tous nos sens. En tentant d'impliquer les visiteurs dans l'exploration physique des biotopes (utilisation de sons et lumières, présentations tactiles...), il s'agit d'induire des émotions qui permettent un transfert de connaissances, une modification des croyances. Ces nouveaux espaces sont créés pour provoquer des émotions susceptibles de modifier l'interprétation du visiteur. C'est ainsi qu'en utilisant tous nos sens et nos réactions émotionnelles les aquariums prétendent, notamment par identification, initier le visiteur à l'activité d'exploration scientifique et/ou artistique.

Qu'en est-il de l'impact de ces nouvelles créations au niveau de la fréquentation par les scolaires ? Quels sont les projets proposés au sein de ces nouvelles structures ? Que connaît-on des retombées de ces projets, autant de questions auxquelles nous allons tenter de répondre dans les lignes qui suivent.

3. Les pratiques et dispositifs pédagogiques proposés aux scolaires

3.1. Les activités le plus souvent proposées aux élèves.

Les aquariums en offrent une diversité importante : activités interactives, programmes en laboratoires, présentations scéniques, approches pluridisciplinaires (science, littérature, art, musique...).

Les aquariums offrent aux écoles une opportunité unique pour s'approprier l'environnement aquatique :

- Les activités pédagogiques sont centrées sur l'exposition et sur l'information préparée par des enseignants, concepteurs ou artistes qualifiés,

- des espaces spécialement conçus (laboratoires, médiathèques...) proposent aux groupes de compléter le cursus scolaire ou l'étude de projets spécifiques,
- des ateliers sont conçus spécifiquement pour les enseignants,
- des séances hors-aquarium permettent aux écoles, hôpitaux et autres institutions d'accueillir des animaux ou des éléments d'exposition venant directement de l'aquarium.

Selon l'importance de l'aquarium, et de son statut juridique (privé/public), il est bien évident que même si chaque structure revendique une vocation pédagogique, dans les faits les situations sont fort différentes. Ainsi l'aquarium de Nancy qui travaille en étroite collaboration avec l'Université de Nancy I, la ville de Nancy et le Cercle aquariophile de Nancy a des possibilités que beaucoup d'autres établissements n'ont pas. Outre ses objectifs culturels (culture scientifique et technique) et scientifiques (recherche fondamentale et appliquée), il consacre des enseignements pratiques et dirigés (étudiants universitaires) et édite d'importants documents pédagogiques avec la collaboration d'auteurs spécialisés (Terver & *al.*, 1993).

Regardons d'un peu plus près ce qui est réellement proposé en France. Suite à une enquête (Heitz, 1999) effectuée auprès de 16 aquariums[52] de : Boulogne-sur-mer (Nausicaä),

---

[52] Cette recherche a été enfin enrichie par des contacts directs de professionnels d'aquarium ou de musée que nous tenons à remercier vivement : Sue Allen, Gaëtane Commeau, Roselyne Coutant-Bénier, Elena Boadas, Corinne Copin, Anne Decoudun, Barry Duncan, Lex Fearnhead, Chantal Fitoussi, Pierre-Antoine Gérard, Véronique Granet, Michel Hignette, Martin Jones, Patrick Lelong, Natahlie Lemaître, Steven Lomholt, Jacques Maigret, Judy et Bruce Mann, Jean-Philippe Maréchal,

Brest (Océanopolis), Concarneau (Marinarium), Paris (le Centre de la Mer et le Musée des Arts d'Afrique et d'Océanie) et les aquariums d'Arcachon, Banyuls, Biarritz, Canet-en-Roussillon, Nancy, La Rochelle, Lac du Bourget à Aix-les-Bains, Monaco, l'Aquarium tropical du Val de Drôme, Aliotis en Sologne et l'Aquarium de Touraine.

3.2 L'offre pédagogique au sein des aquariums français en 1999

Les principales informations que nous pouvons tirer de cette enquête sont les suivantes :

3.2.1. Visites libres versus visites guidées

Tous les aquariums proposent des visites libres mais pas forcément guidées pour des raisons de manque d'espace (Centre de la Mer) ou de choix délibéré du fait de la scénographie ; le parcours se suffit à lui-même comme à Nausicaä. Le terme d'ateliers a été utilisé par deux aquariums qui proposent des séances d'aquariologie uniquement. Ainsi, au MAAO parmi les ateliers pédagogiques, des cycles de 2 à 4 séances (avec visite préalable) sont proposés d'une part pour des élèves à partir de 8 ans, et d'autre part pour des élèves du secondaire notamment dans le cadre d'un PAE lié au cycle de l'eau. Paillardon (1996) précise pour sa part le rôle des ateliers :

> *« Au-delà de l'émerveillement que suscite chez les enfants la découverte du monde de la mer à Océanopolis, il faut les aider à structurer toutes ces*

Régis Maureau, Maida Montolio, Pascal Mosconi, Florence Paillardon, Maria Casares Pascual, Annie Peron, Robert Rigaud, Jean-Paul Rossignon, Laurent Soulier, Dirk Stechmann, Heather Tausig, Didier Théron, Anne Vernier, Sarah Williams.

informations nouvelles. C'est le rôle des ateliers pédagogiques qui leur permettent de réfléchir, et d'approfondir leurs connaissances». - Il faut également souligner l'importance de la participation de l'instituteur qui est primordiale - « *il ne doit pas être cantonné au rang simple de spectateur mais conserver un rôle actif tout comme les accompagnateurs qui sont également sollicités pour collaborer à l'animation des ateliers* ».

3.2.2. La création d'espaces d'accueil spécifiques

75% des aquariums consultés ont fait le choix d'intégrer un espace pour accueillir de manière spécifique les groupes. Ce choix n'est pas anodin et marque la nouvelle génération d'aquariums. Les salles pédagogiques sont intégrées dès la création de nouveaux aquariums. Selon Peron (1992) «*les enseignants cherchent des informations scientifiques précises correspondantes aux programmes, des fiches pédagogiques et apprécient un espace pédagogique* ». Peron précise plus loin que 36 % des aquariums ont une salle spécifique au sein de laquelle les scolaires peuvent effectuer un travail sur des fiches, réaliser divers travaux pratiques et/ou des petites expériences, suivre une projection audiovisuelle et enfin pour les plus jeunes réaliser des dessins ou des puzzles. Lomholt & Wolff (1992) nous rapporte l'expérience de l'Aquarium danois de Charlottenlund. Le public scolaire représente environ 15% des visiteurs. Les activités pédagogiques sont basées sur l'importance de l'esthétique, le plaisir du contact avec les animaux et la nature, et enfin la pertinence avec les programmes scolaires. Cet établissement privé met à la disposition des groupes scolaires un laboratoire où les enfants peuvent mener leurs propres expériences. À titre d'exemple, il propose aux groupes d'enfants l'étude monographique d'un poisson afin d'établir, par l'observation, un lien entre l'animal et son environnement (biotope, adaptation à la nourriture). Les enfants peuvent, en observant la position de la bouche, déduire si le poisson vit plutôt en surface ou en pleine eau. La locomotion est abordée avec des études préalables sur les propriétés physiques de l'eau qui permettent de faire une mise en relation entre la forme de l'animal et sa résistance à l'eau. Enfin des discussions permettent de synthétiser les notions abordées en évaluant par exemple les conséquences adaptatives de la rapidité d'un poisson, sur le comportement social, visuel ou olfactif. Cette activité d'investigation est basée sur l'utilisation de «*fiches de travail*». Aucun questionnaire ne se réfère aux panneaux explicatifs. C'est un « *support pour observer, échanger et non un test de connaissances* ». Dans cet établissement, l'auteur souligne que les activités du service scolaire sont naturellement intégrées aux activités de l'aquarium, et qu'il existe une forte collaboration entre les aquariologistes et les pédagogues.

A Nausicaä, les ateliers permettent d'approfondir un thème écologique marin (chaînes alimentaires, adaptations...) qui permet de créer des liens directs entre les enfants et leur relation à la mer. L'homme est toujours au cœur du débat !
Chaque atelier essaie d'appliquer la transdisciplinarité et alterne « *approche imaginaire, artistique et ludique* » avec « *recherche plus cartésienne et scientifique* ».

3.2.3. Conceptions de projets pédagogiques hors aquariums

Les établissements étudiés proposent également des activités "hors aquarium" très variées :

- La réalisation du CD-ROM réalisé en partenariat avec Nausicaä, le Centre de la mer et l'aquarium du Musée des Arts d'Afrique et d'Océanie à Paris. Cet outil pédagogique commun offre aux enseignants des informations sur les thèmes de l'adaptation à la vie aquatique, l'évolution...

- Le CD-ROM de l'Aquarium de Biarritz a bénéficié du concours de 3 écoles dont des interventions directes dans les classes avec le soutien de l'aquarium de Nancy.
- La mise à disposition d'aquariums. À titre d'exemple, l'aquarium du Musée des Arts d'Afrique et d'Océanie à Paris a effectué 600 prêts de bacs dans des écoles de 1988 à 1992 (Hignette, 1995).

  « Ces aquariums servent de support à des activités thématiques pluridisciplinaires : cycle de vie, biologie, expression écrite et orale (...) mais ils favorisent aussi des aspects socio-éducatifs : communication, respect de la vie, développement de la responsabilité au sein du groupe, valorisation de l'individu ».

Enfin, préconisé dans des centres de réadaptation pour enfants en difficulté, l'aquarium au-delà de sa fonction de communication exerce un réel pouvoir de rééducation.

3.2.4. Conceptions de guides pédagogiques

Le nom de « guide » est ici pris au sens large, il n'a pas été forcément conçu spécifiquement pour le public scolaire mais le plus souvent pour le « Grand public ».

Damerval (1993), soulignant le désarroi des enseignants en rapport à *« l'inadéquation entre leurs exigences d'enseignement, leurs méthodes pédagogiques, les exigences de l'Éducation nationale en matière de programmes scolaires et de la façon de les aborder »*, rapporte l'expérience de l' aquarium de Trouville au sein duquel les guides pédagogiques ont été établis suite à une étude relative à la visite des groupes scolaires.

> *« Ils acceptent d'être pris en charge par l'Aquarium au moment de la visite, mais ne voient pas facilement le lien qui peut être établi entre toutes les exigences pédagogiques et le profit qu'ils peuvent en tirer pour leurs classes. Il s'ensuit un comportement de visite parfois désastreux qui consiste à venir à l'Aquarium en fin d'année, une fois que le programme est fini et en guise de sortie scolaire à caractère beaucoup plus récréatif que formateur » (Damerval 1993).*

Un des enseignants qui a contribué à la réalisation de guides pédagogiques de l'Aquarium précise que *«les enfants visitent l'Aquarium avec le même état d'esprit qu'ils ont en regardant Dallas ou les tortues Ninja»*. À partir de ce constat, l'Aquarium a modifié sa démarche pédagogique. *«C'est l'enseignant qui est en charge de sa classe pendant la visite et non le personnel de l'Aquarium. Les guides ont été spécialement conçus dans ce sens* » (Damerval 1993).

Pour la rentrée 2001, l'équipe éducative de Nausicaä a réalisé un nouveau dossier pédagogique (52 pages) spécialement conçu pour les éducateurs, enseignants, animateurs et responsables de groupe. La première partie, le *Carnet de bord*, propose une approche linéaire de la visite, suivant le parcours, espace après espace. Les messages et notions au fil de l'exposition sont classés par disciplines et par niveaux scolaires. Une seconde partie *Gardez le cap* offre une approche thématique reprenant les thèmes principaux de l'exposition mis en regard des espaces qui y font référence. Des pistes et quelques éléments de réponses sont proposés.
Les messages, destinés aux plus jeunes et identifiés par la mascotte *Raya*, sont également repris dans la brochure pour faciliter son exploitation avant, pendant ou après la visite.

3.2.5. Conceptions de fiches pédagogiques

Les fiches pédagogiques à destination des élèves ne sont pas utilisées de manière systématique par les aquariums étudiés. Cependant un certain nombre d'établissements, notamment ceux qui n'ont pas les moyens financiers de s'adjoindre une équipe pédagogique, préconisent l'utilisation de fiches d'aide à la visite. Ainsi, l'aquarium de la Rochelle propose un guide dont les informations sont accessibles dans l'exposition au plus grand nombre. Ce guide suit le cheminement du visiteur avec une description de chaque aquarium, (caractères particuliers de chaque espèce) tout en proposant des réponses aux questions posées fréquemment par les visiteurs. Le même document est utilisé tant par les enseignants que par le public familial. La consultation des différents chapitres, remplace avantageusement, selon l'auteur, la visite préparatoire de l'enseignant. Il peut en effet l'utiliser pour établir des fiches pédagogiques ou des questionnaires élèves.
Il est courant de mettre à la disposition des enseignants des fiches thématiques : la nage, le camouflage, l'adaptation à la vie aquatique… Les enfants doivent trouver les réponses aux questions posées en observant les animaux. Tassigny précise à ce sujet (1989) que lors des voyages groupés sur mai-juin, les enfants sont pris en charge massivement et que *« comme dans les zoos, c'est le questionnaire d'éveil ou ludique, remis aux professeurs qui reste le moyen le plus usuel d'arracher les enfants à la contemplation passive des animaux ».* Cependant, Damerval (1993) constate que « *les enfants n'ont d'une façon générale rien à écrire dans l'Aquarium (écrire dans une pièce sombre, sans support…)* ». Une revue de la bibliographie américaine sur l'apprentissage dans les musées scientifiques, aquariums et zoos, constate le même phénomène : l'utilisation de fiches lors de la visite peut

inhiber l'interaction du visiteur avec les dispositifs exposés (Rennie L. J., Mcclafferty T., 1995).

En effet dans la pratique les choses sont moins aisées. Ainsi, un établissement qui présente des animaux vivants a le risque de devoir modifier du jour au lendemain ses présentations suite à la mort d'un animal. L'édition des fiches ne peut donc suivre les modifications des différents bacs. De plus, même si la fiche tente d'exploiter un comportement relativement facile à observer, rien ne permet de certifier que l'animal en question va s'exécuter au moment où les élèves vont passer devant le bac. Enfin après analyse d'un grand nombre de fiches dans des établissements très différents, les résultats indiquent que le plus souvent les enfants peuvent arriver à des conclusions contradictoires aux effets recherchés. C'est ainsi que pour prétendre effectuer une étude éthologique sur des animaux vivants, il faudrait effectuer plusieurs observations, sélectionner les paramètres qui différencient les divers cadres de l'observation avant de pouvoir apporter quelque conclusion que ce soit. Il semble donc un peu désuet de penser pouvoir apprendre à observer un animal en n'effectuant que quelques minutes d'observation. Une réflexion approfondie mériterait d'être posée pour délimiter le cadre de ce qui peut raisonnablement être proposé, sans laisser croire aux enfants qu'ils effectuent une réelle observation éthologique[53].

3.2.6. Conceptions de mallettes pédagogiques

Les mallettes pédagogiques sont peu usitées, un responsable d'un établissement a souligné que leur coût de fabrication était prohibitif. Cependant l'expérience de Nausicaä montre

---

[53] Ces réflexions sont issues de travaux d'évaluations, et d'observations de classes effectuées de 1987 à 1992 par Yves Girault.

le succès des valises « mer ». Les mallettes sont spécifiques aux divers cycles et regroupent des outils existants. Ces valises « mer » reprennent le contenu de leurs animations avec tout le matériel et peuvent être prêtées dans les écoles. Elles ont été réalisées en français et en anglais dans le cadre de leur programme européen.

3.2.7. Accueil spécifique d'enseignants

Enfin, 75% des aquariums accueillent spécifiquement des enseignants au cours de l'année, dont deux d'entre-eux sur demande.
Les données recueillies dans le cadre de cette enquête nous conduisent à préciser que la grande majorité des aquariums tentent de stimuler la curiosité des élèves et leur intérêt en développant parfois même des séances d'observations, voire de manipulations. C'est ainsi que Paillardon (1992) souligne que *« Faire d'Océanopolis un outil pédagogique de qualité, où se mêlent découverte et émerveillement, est une ambition affirmée dès le départ par les responsables du projet »*. Dès 1991, 65 000 scolaires ont été accueillis en visite libre, dont plus de 6 300 dans le cadre du programme éducatif. En 1991/92 près de 10 000 enfants ont bénéficié de ce programme, soit une augmentation de 50% (Alayse & Paillardon, 1995).

Cependant, certains responsables d'aquariums soulignent les difficultés financières qu'ils rencontrent lorsqu'ils souhaitent développer des programmes pédagogiques. Ainsi, Van den Sande (1993) regrette que *« beaucoup d'aquariums qui ont ouvert ces dernières décennies sont des entreprises purement commerciales et n'étaient pas intéressés par des programmes pédagogiques »*.

Peron (1992), soulignant le manque de personnel disponible pour se consacrer aux activités pédagogiques, notamment dans les structures privées regrette pour sa part le désengagement du ministère de l'Education nationale.

> *« L'Éducation nationale, très demandeuse, est la grande absente des programmes. La majorité des établissements adhérents à l'U.C.A. a pris conscience de la nécessité de développer des actions pédagogiques et ce quels que soient leurs moyens financiers. Il convient ici de souligner que la création d'animations variées et de documents pédagogiques est particulièrement onéreuse »* Peron (1992).

À la 1re rencontre des aquariums, musées et centres de sciences, Jones (1999) marque également quelques inquiétudes sur le coût des programmes éducatifs non couvert par la participation financière des écoles lors de leur venue : *« À long terme, il n'est pas certain que le gouvernement continue à soutenir ces actions dans les centres de la mer »*.

A Nausicaä, c'est le professeur qui prend en charge le coût de l'animation ; les financements européens les ont cependant aidés dans la réalisation de documents (dossier pédagogique...).

3.3. L'information et / ou la formation à destination des enseignants ?

Dans la grande majorité des cas, les aquariums ont mis au point une documentation pédagogique à destination des enseignants. Peron (1992) précise à ce sujet que *« les enseignants souhaitent bien souvent bénéficier d'un produit fini »*. De plus en plus souvent, les responsables des aquariums se mettent en relation avec les divers partenaires de l'Education nationale pour préparer, ou au moins informer les enseignants de leur activité (rectorat, IDEN[54], conseillers pédagogiques, CRDP[55]). L'accueil des enseignants peut s'effectuer en deux temps :

- La porte ouverte où l'on présente les ressources éducatives du Centre puis l'enseignant visite seul l'exposition, à son rythme.
- La rencontre des enseignants détachés par le rectorat et l'inspection académique pour approfondir son projet.

Ces deux temps ont lieu le même jour ce qui évite pour l'enseignant de se déplacer deux fois.

3.4. Que sait-on des pratiques, des acquis, des motivations des visiteurs scolaires ?

Mais que définit-on par rôle éducatif/pédagogique ? S'agit-il de donner des sensations aux visiteurs, de transmettre des émotions positives dont on sait qu'elles influent sur la qualité des apprentissages (Larose, Girault, 1996) ? S'agit-il d'acquérir de nouvelles connaissances, factuelles mais le plus souvent peu réinvestissables, ou au contraire conceptuelles mais plus longues à saisir ? Contrairement à l'approche scolaire qui est le plus souvent disciplinaire, la visite d'un aquarium, comme tout établissement muséal, ne peut-elle pas permettre d'acquérir un regard pluridisciplinaire sur un objet d'étude ? Comment alors peut-on prétendre évaluer toutes ces façons de définir « l'apprendre » dans un aquarium (cette liste n'est pas exhaustive) ? Comment peut-on prétendre évaluer l'impact d'une seule visite ? Compte tenu de l'ensemble de ces difficultés d'une part, et du grand nombre d'aquariums privés qui ne peuvent financer des travaux d'évaluation d'autre part, nous ne disposons que de très peu de données d'enquêtes approfondies et de critères

[54] Inspecteur Départemental de l'Education Nationale.

[55] Centre Régional de Documentation Pédagogique.

objectifs pour répondre à cette question et appréhender les attentes du public en matière d'éducation.
Parmi les aquariums consultés en octobre 1999, quelques responsables pédagogiques ou directeurs d'aquariums[56] ont cependant apporté quelques éléments qui permettent d'avancer notre réflexion à ce propos.
L'Aquarium de Rhodes se consacre depuis 2 ans à un programme de sensibilisation à l'environnement marin destiné aux élèves. La démarche est basée sur la théorie systémique caractérisée par l'étude globale (écartant ainsi la causalité linéaire). Pour atteindre ce but, il est nécessaire d'aller au-delà du simple transfert de connaissances. Chrambanis & Balaska (1999) proposent un modèlc exclusivement basé sur les capacités de raisonnement, c'est l' « *intelligence émotionnelle* ». Des élèves du secondaire ont participé à ce programme pédagogique dont les résultats sont satisfaisants et encourageants. Des questionnaires ont été distribués avant et après ce programme en mesurant le changement d'opinions et d'attitudes concernant les questions d'environnement marin. À la fin du programme, les participants ont une vue globale sur l'être humain et la mer et se sentent ainsi liés à la chaîne de la vie. Les auteurs concluent en précisant que « *L'aquarium/centre de recherche peut assurer dans une large mesure le contact naturel de l'enfant avec la mer et ses organismes. Ce qui contribue significativement à un apprentissage cognitif/émotionnel* ». Ils insistent sur les facilités qu'offrent ces centres de recherche liés aux aquariums en mettant à la disposition des étudiants les données scientifiques récentes. Ces centres peuvent assurer un réseau international d'information et suggérer que la gestion de l'environnement devienne une

---

[56] ont participé le Centre de la Mer, l'Aquarium du MAAO, l'Aquarium du Lac du Bourget, le Musée de la Mer de Biarritz, le Musée-Aquarium de Nancy.

préoccupation commune à tous les citoyens du monde. C'est ainsi que la création d'un réseau des départements pédagogiques des aquariums a déjà commencé avec l'aquarium de Kiel et celui de Naples pour l'année suivante.

L'équipe de recherche de « *Institute for Learning Innovation* » menée par Falk & *al.* (1998) a initié une recherche sur la connaissance et les attitudes vis-à-vis de la conservation. Cette approche quasi-expérimentale comprend des interviews en direct, l'élaboration de cartes conceptuelles (Personal Meaning Mapping) et des suivis notamment par enquêtes téléphoniques. Cette étude est la première phase d'un procédé d'évaluation des visiteurs sur plusieurs années. Il en ressort qu' « *une visite à l'Aquarium de Baltimore est globalement positive sur les aspects connaissances, attitudes et comportements des visiteurs* ». La plus grande majorité des visiteurs perçoit la conservation comme un thème primordial (93%) alors qu'un tiers utilise actuellement le terme de conservation pour décrire le message principal. Après 6-8 semaines, les niveaux plus élevés en connaissance et en compréhension ont persisté et les visiteurs parlaient de "conservation" en termes de facteurs plus sociaux, politiques et économiques que prévu.
McKelvey & *al.* (1999) a été commissionné par l'Aquarium de Baltimore pour réaliser des évaluations sur l'impact global que peut procurer la visite d'un aquarium sur la connaissance en conservation, ainsi que sur les attitudes et les comportements d'un visiteur à court et long terme. *« Les mots utilisés par les visiteurs indiquent qu'une visite à l'aquarium national de Baltimore les inspire à penser en termes d'actions qui peuvent toucher l'environnement. Les attitudes et jugements personnels vis-à-vis de la conservation ont doublé lors de la comparaison des résultats pré et post-visites, indiquant ainsi une forte conscience et appréciation des problèmes de conservation »*. Par ailleurs, ces auteurs ont

noté que les visiteurs sont motivés pour visiter d'autres zoos, aquariums et musées.

Le Musée de la Marine à Tokaï s'est également intéressé au comportement des visiteurs qui ont été filmés au passage des différents bacs. La première analyse stipule que le visiteur est en quête d'informations sur ce qu'il voit. Il marche devant les bacs et s'arrêtent pour lire les explications. Ces observations ont été comparées à celles des groupes scolaires. *« Certains sont obligés de rester ensemble, d'autres peuvent se déplacer par eux-mêmes. Dans le premier cas, ils lisent plus les panneaux que les autres. En même temps, il faut que les élèves puissent aller à leur allure plutôt que de rester en groupes »* (Ohara & *al.*, 1997).
D'autres travaux permettent de mieux comprendre le contexte sociologique de la visite. C'est ainsi que Mariani-Rousset (1997) présente les résultats de 2 enquêtes réalisées pour identifier les interactions entre les visiteurs et les dispositifs d'exposition. La première est basée sur des observations puis sur une classification des actions et réactions des personnes, tant face aux différentes unités d'expositions, que vis-à-vis des autres visiteurs. Au cours de la deuxième enquête, des enregistrements d'échanges langagiers spontanément produits entre les visiteurs de l'aquarium ont été effectués. L'auteur conclut que *« la mise en exergue de la structure thématique de l'Aquarium par une organisation scénographique accessible, cohérente et liée à la vie quotidienne des visiteurs favorise les échanges oraux et constitue un ensemble de preuves ou de témoignages d'un procès d'appropriation du sens de l'exposition par les visiteurs ».*

Enfin, on peut observer qu'à l'instar des musées de sciences, les travaux issus de recherche en sciences de l'éducation et en didactique des sciences commencent à avoir quelques applications non pas dans l'évaluation sommative, mais dans le cadre de l'évaluation formative (Fretz, 1995).

Conclusion

On peut donc considérer qu'actuellement une part de la dimension pédagogique est prise en compte dès la conception de nouveaux aquariums. Celle-ci est présente dans la scénographie, la qualité du décor et la "magie" de la mise en scène qui concourent à plonger le visiteur dans l'ambiance du monde aquatique. Par l'émotion de cette rencontre, le visiteur sera peut-être plus attentif, voire même plus respectueux et responsable vis-à-vis de la nature. Cependant, l'émotion que suscite la visite d'un aquarium peut-elle induire à elle seule chez le visiteur, comme le prétendent certains, un engagement dans la protection de ce qui l'entoure pour *in fine* initier une démarche critique concernant les grands débats environnementaux actuels ? En réalité toutes les expériences connues nous prouvent le contraire[57]. D'une part, si l'émotion peut faciliter des apprentissages en stimulant le visiteur, des « produits d'accompagnements» (vidéo, panneaux, conférences, banques de données etc.) restent indispensables.

D'après les travaux de Tada & *al.* (1997) le record en termes d'information et d'interactivité est détenu par le media humain à travers les visites guidées (pour 15 visiteurs) alors que les supports textes/photos touchent un grand nombre de visiteurs pour peu d'information délivrée et peu d'interactivité. Enfin selon cet auteur, le but des activités pédagogiques est d'apprendre aux visiteurs comment

---

[57] Cf pour plus d'informations à ce sujet dans le même ouvrage l'article de Cécile Fortin Debart.

observer et interpréter la nature à partir d'une démarche scientifique et de leurs propres conceptions. Une autre étude menée par Nishi & *al.* (1997) montre l'intérêt que suscitent les dispositifs pédagogiques auprès des visiteurs. Ils soulignent une augmentation de la fréquentation des dispositifs pédagogiques des aquariums au Japon entre 1991 et 1995. *« Un grand pas en avant a été réalisé »*. Le taux d'exécution d'activités pédagogiques par les visiteurs a augmenté de plus de 10 points alors que les expositions et les installations ont augmenté seulement de 5 points. Par exemple le taux de fréquentation des visites guidées est passé de 23,9% à 58,3% et la part consacrée aux installations pédagogiques a augmenté de plus de 14 points (de 47,8% à 62,5%).

Il nous semble cependant important de noter que l'ensemble de ces dispositifs pédagogiques ne doivent nullement être en concurrence avec l'activité spécifique de ce type d'établissement, à savoir l'observation d'animaux vivants dans des bacs ; ils doivent au contraire en faciliter l'interprétation. En effet, l'observation du monde vivant n'est pas une activité triviale et le développement d'animations autour de bassins tactiles, et/ou d'ateliers de manipulations sont des exemples pertinents qui tendent à initier les publics nombreux toujours avides de nouvelles expériences. Cette initiation peut commencer dès les premiers cursus scolaires en incitant les enseignants à suivre des formations au sein de ces divers établissements pour, par la suite, pouvoir guider à bon escient leurs élèves dans les musées-aquariums et centres de la mer.

Bibliographie

Alayse J.-P., Paillaron F., (1995) Océanopolis : Show me the sea. The Third International Aquarium Congress, April 25-29, 1993, Boston. Boyd Press Inc., pp. 159-167.

Chrambanis P., Balaska L., (1999) Educational programs in aquaria for the sensitization of pupils concerning the marine ecosystem. Mémoires de l'Institut océanographique Paul Ricard, European Union of Aquariums Curators, meeting in Barcelona, 17-22 octobre 1998, Institut Paul Ricard Ed., pp. 51-55.

Damerval M., (1993) Nouvelle pédagogie appliquée à l'aquarium de Trouville pour les groupes scolaires. Musées et collections publiques de France, 199, pp. 15-17.

De Wulf C., Tiran M., (1992) Du prétexte à la priorité pédagogique. Pedago-zoo : Compte-rendu du colloque international sur la pédagogie et l'éducation en établissement zoologique, 5-6 novembre 1992, Chizé, France, SNDPZ, pp. 167-170.

Falk J. H., Moussouri T., Coulson D., (1998) The effect of visitors' agendas on museum learning. Curator, 41(2), pp. 106-120.

Fretz P., Goldowsky A., (1995) Pedagogy for the next generation : applying constructivist learning theory to program and exhibit development. The Third International Aquarium Congress, April 25-29, 1993, Boston. Boyd Press Inc., pp. 138-144.

Garibaldi L. (2001) Le nouveau rôle des aquariums du XXIe siècle. Cinquième congrès international des aquariums. Bulletin de l'Institut océanographique, Monaco, n° spécial 20, fascicule 2, pp. 382.

Hankin A. L., (1995) Aquaria and conservation education : new roles and goals for public programs. The Third International Aquarium Congress, April 25-29, 1993, Boston. Boyd Press Inc., pp. 131-137.

Hignette M.,(1995) Rôle pédagogique et social de l'aquarium du MAAO. The Third International Aquarium Congress, April 25-29, 1993, Boston. Boyd Press Inc., pp. 188-191.

Jones M., (1999) New directions for marine centers in the 21st century. Communication interne à la 1re Rencontre internationale des aquariums, musées et centres de sciences, 6-9 juin 1999, 13 p.

Larose R., Girault Y. (1996) Conceptions in the realm of feelings in ecology. In the new learning models their conséquences for the teaching of biology, health and environment, Giordan A., Girault Y. (Eds), Z'Editions, 265 p., pp. 66-75.

Lomholt S., Wolff T., (1992) Activated behaviour in Danmarks akvarium. Mémoires de l'Institut océanographique Paul Ricard, European Union of Aquariums Curators, meeting in London, 14-20 octobre 1990, Institut Paul Ricard Ed., pp. 21-27.

Maréchal J.-P., (2000) Aquariums et scénographie, l'exemple de la région Bretagne. La Lettre de l'OCIM, 69, pp. 11-22.

Mariani-Rousset S., (1997) Comment les visiteurs interagissent avec les expôts et les autres visiteurs. La lettre de l'OCIM, 52, p. 6-9.

McKelvey L. M., Falk J. H., Schreier A., O'Mara H., DePrizio J., (1999) - National Aquarium in Baltimore Conservation Impacts Study. Institute for Learning Innovation, Annapolis, Maryland.

Nightingale J., (2001) Éducation : un panorama de certains grands changements dans les Aquariums. Cinquième congrès international des aquariums. Bulletin de l'Institut océanographique, Monaco, n° spécial 20, fascicule 1, pp. 430.

Nishi G., Ohara K., Nomura T., (1997), Educational activities at aquariums in Japan. The Fourth International Aquarium Congress, June 23-27, 1996, Tokyo, Congress Central Office of IAC'96., pp. 169-172.

Ohara K., Nishi G., Nomura T., Masuda M., (1997) Viewing and learning behavior of aquarium visitors. The Fourth International Aquarium Congress, June 23-27, 1996, Tokyo, Congress Central Office of IAC'96., pp. 163-167.

Paillardon F., (1996) Océanopolis, à l'école de la mer. La Lettre de l'OCIM, 43, pp. 30-33.

Parsons C., (1995) To boldly go beyond school groups : the next generation of aquarium educators. The Third International Aquarium Congress, April 25-29, 1993, Boston. Boyd Press Inc., pp. 151-156.

Peron A., (1992) Le rôle pédagogique des Aquariums publics et la coordination de L'Union des Conservateurs d'Aquariums. Pedago-zoo : Compte-rendu du colloque international sur la pédagogie et l'éducation en établissement zoologique, 5-6 novembre 1992, Chizé, France, SNDPZ, pp. 63-66.

Rasse P., Girault Y, (1996) Identité et communication des musées d'histoire naturelle : le cas du musée océanographique de Monaco. La promotion de la culture scientifique et technique : ses acteurs et leurs logiques. Actes du colloque des 12 et 13 décembre 1996 ; publications de l'Université Paris 7, 211 p., pp. 137-152.

Rennie L. J., Mcclafferty T., (1995). Using visits to interactive science and technology centers, museums, aquaria, and zoos to promote learning in science. Journal of Science Teacher Education, 6(4), pp. 175-85.

Schwammer H. M., (2001) Les aquariums modernes : encore des institutions de recherche et d'éducation ou de simples terrain d'aventure ? Cinquième congrès international des aquariums. Bulletin de l'Institut océanographique, Monaco, n° spécial 20, fascicule 2, pp. 382.

Schwartz C., (2000) Aquariums au service de la géologie. La Lettre de l'OCIM, 69, pp. 31-33.

Tada S., Sato T., Iwai S., Amano M., Sotani K., (1997), Observation of living organisms : the principles and goals of educational activities at Tokyo Sea Life Park. The Fourth International Aquarium Congress, June 23-27, 1996, Tokyo, Congress Central Office of IAC'96., p. 173-177.

Tassigny M., (1989) Les aquariums français : I. diversité autour d'une même idée, II. Marier éducation et protection. Interzoo n° 8-9, pp. 4-7.

Terver D., Conde B., Fontaine P., Georges A., (1993) Aquariologie et aquaculture continentale à l'Aquarium tropical de Nancy : bilans et perspectives. Mémoires de l'Institut océanographique Paul Ricard, European Union of Aquariums Curators, meeting in Naples 10-16 octobre 1992, Institut Paul Ricard Ed., pp. 121-123.

Vallette P.,(2001) Une nouvelle attitude à l'égard des océans - Cinquième congrès international des aquariums. Bulletin de l'Institut océanographique, Monaco, n° spécial 20, fascicule 2, pp. 382.

Van Den Sande P., (2001) Évolution dans la conception des Aquariums publics. Cinquième congrès international des aquariums. Bulletin de l'Institut océanographique, Monaco, n° spécial 20, fascicule 1, pp. 430.

Van Den Sande P., (1993) The evolution of the European aquarium landscape, from the past into the future. Mémoires de l'Institut océanographique Paul Ricard, European Union of Aquariums Curators, meeting in Naples 10-16 octobre 1992, Institut Paul Ricard Ed., pp. 11-13.

L'accueil du public scolaire dans les jardins botaniques

Gaud Morel[58]

Créés, pour les premiers, au milieu du XVIe siècle en Italie, les jardins botaniques ont toujours eu une mission d'enseignement, que ce soit pour l'enseignement de la médecine et de la pharmacie ou comme élément de démonstration pour le public. Comme les musées d'histoire naturelle, ils sont les héritiers du travail des collectionneurs des XVIIe et XVIIIe siècle. Ils ont même, dans bien des cas, précédé la création d'un musée d'histoire naturelle. Si leur mission d'enseignement en direction des divers publics a perdu au fil des années de son importance et de son dynamisme, les jardins botaniques revendiquent actuellement de plus en plus cette fonction d'éducation. On voit par ailleurs se créer, un peu partout en France, des arboretums et des jardins botaniques à l'initiative de communes ou d'associations. Malheureusement, ces projets sont souvent portés par une seule personne et n'ont pas toujours une valeur scientifique et pédagogique satisfaisante.

1. Histoire et caractéristiques des jardins botaniques

L'histoire des jardins botaniques, en tant que lieux de recherche, de collection et d'enseignement comporte plusieurs périodes. Leur analyse permet de mieux

---

[58] Chargée de l'animation pédagogique au Muséum national d'Histoire naturelle, à l'Arboretum de Chèvreloup depuis 1978 et au Jardin des Plantes de Paris depuis 1988.

comprendre leur statut actuel, leur organisation et leur fonctionnement.

1.1. Des jardins de simples aux conservatoires botaniques, 450 ans d'histoire

Les premiers jardins botaniques ont été créés en Italie (Pise 1543 et Padoue en 1545), suivis de nombreux autres en Europe (Zurich 1560, Bologne 1567, Leide aux Pays-Bas 1594, Oxford 1621, Utrecht 1639, Edimbourg 1670, Berlin 1679...). En France, le premier jardin botanique est créé à Montpellier en 1593. Le début du XVIIe siècle voit la création de jardins botaniques à Poitiers, Besançon, Bordeaux. Axés sur la présentation de plantes médicinales, ces jardins dépendent d'une faculté de médecine, leur rôle étant de fournir un terrain d'observation et d'enseignement pour les étudiants en médecine. Les jardins de Rochefort (1683) et Nantes (1688) sont, quant à eux, directement liés aux expéditions maritimes qui emportaient des plantes médicinales pour la santé des équipages et rapportaient de leurs voyages des plantes nouvelles. Le cas du Jardin Royal des Plantes Médicinales, l'actuel Jardin des Plantes de Paris créé en 1635, est particulier, puisque, tout en restant un lieu d'enseignement, il n'est pas rattaché à une Université.

Au XVIIIe siècle, les jardins accueillent les milliers de plantes rapportées du monde entier par les naturalistes voyageurs. Ils deviennent des lieux privilégiés pour l'étude et la classification du monde végétal. On construit des orangeries et des serres chauffées pour abriter les plantes des régions chaudes[59]. Aix en Provence, Bordeaux, Toulouse, Trianon à Versailles, Rouen, Strasbourg, Nancy, Lyon sont créés dans le

[59] En 1714, on construit la première serre chauffée en France, au Jardin du Roi, l'actuel Jardin des Plantes de Paris.

courant du XVIIIe siècle, pour ne citer que les principaux jardins français.

Les besoins de l'agriculture, notamment pour la gestion des cultures tropicales liées aux politiques colonialistes, ont donné aux jardins botaniques un rôle important pour la connaissance et les échanges de plantes utiles tropicales. Marseille, Nantes, Rochefort et surtout le Jardin du Roi ont joué un rôle très important dans ce domaine. On y dispensait un enseignement destiné aux voyageurs.

Au fil des années, les besoins de la science ont fait évoluer les jardins botaniques : la recherche en génétique, en systématique, en physiologie ou en horticulture a utilisé les collections vivantes des jardins botaniques. Ainsi, les jardins ont dû adapter leurs présentations et les thèmes de leurs collections. Par exemple, l'Ecole de botanique du Muséum national d'Histoire naturelle, qui doit être le reflet des classifications botaniques, a changé plusieurs fois d'organisation depuis sa création en fonction des découvertes de la systématique. De même, de nouveaux champs de recherche dans le domaine de l'écologie et de la biogéographie ont fait naître un type de jardins nouveaux, les jardins écologiques, tels que les jardins alpins[60] où des plantes de montagne sont disposées sur des rocailles reconstituant ainsi des microclimats favorables à cette flore particulière.

---

[60] Les premiers jardins alpins, qualifiés de jardins d'altitude ont été créés dans les Alpes, en Autriche, Suisse, Italie et France : Valleyres en Suisse 1852, Annivers dans le Valois 1885, Le Lautaret 1896, Col du Petit St Bernard 1897, La Jaysinia à Samoëns 1906... Le Jardin des Plantes de Paris crée son jardin alpin en 1935. D'après Jean Ivolas. 1908.

A l'heure actuelle, les préoccupations environnementales et les questions de conservation des espèces ont incité la création de conservatoires botaniques, institutions particulières où l'on étudie, cultive et multiplie des espèces menacées en vue de leur réintroduction éventuelle dans leur milieu naturel. Le plus ancien Conservatoire Botanique National est celui de Brest, créé en 1975, suivi par la création de Porquerolles, Nancy, Les Mascarins (La Réunion). Il existe actuellement huit Conservatoires Botaniques Nationaux, et deux sont en cours de création.

1.2. Typologie actuelle des jardins botaniques

Si l'archétype du jardin botanique reste l'école de botanique avec ses plates-bandes de plantes alignées, classées par familles, il en existe d'autres types, créés à différentes époques, en fonction des nécessités de la recherche et de l'enseignement qui y est dispensé :

- les jardins écologiques, tels que les jardins alpins, présentent les plantes par milieux. Tourbières (Besançon), dunes atlantiques (Nancy), marais et milieux aquatiques (Lyon), vieux murs (Genève), landes... sont autant de milieux reconstitués que l'on peut découvrir dans ces jardins. La plante est ici replacée dans son contexte écologique et phytosociologique, parfois même paysager.

- les jardins ethnobotaniques présentent les plantes utiles à l'homme : médicinales, aromatiques, alimentaires, textiles, tinctoriales. Ce type de jardin, de création récente pour la plupart, renoue avec l'ancienne tradition des jardins des simples du XVIIe siècle. Le jardin ethnobotanique de Salagon, le Conservatoire des plantes médicinales, aromatiques et industrielles de Milly la Forêt ou le jardin-musée de Limeuil sont entièrement consacrés à ce thème, mais de nombreux jardins consacrent une partie de leurs présentations à des plantes illustrant les relations passées ou présentes de l'homme avec le monde végétal (Nancy, Genève, Mascarins, Besançon).

- d'autres types de jardins thématiques peuvent se rencontrer : arboretums (Les Barres, Chèvreloup) et fruticetums consacrés entièrement aux végétaux ligneux, jardins de terre de bruyère, roseraies, jardins des cinq sens, collections horticoles, bambuseraies...

- les conservatoires botaniques ont pour mission la sauvegarde des plantes menacées. Ils possèdent donc des espaces de culture et de multiplication des plantes étudiées auxquels le public n'a généralement pas accès. Par ailleurs, certains conservatoires organisent des présentations de plantes menacées destinées au public à partir desquelles des activités pédagogiques très structurées sont menées autour des questions concernant la protection des espèces et des milieux (Brest, Mascarins).

- les serres tropicales abritent des collections ayant le même statut que les collections de plein air, mais celles-ci sont perçues tout à fait différemment par le public en raison du dépaysement total que procurent les plantes tropicales.

Les jardins thématiques, en proposant au visiteur une approche ciblée sur un aspect précis du monde végétal, sont plus faciles à aborder que les jardins systématiques traditionnels. Les jardins systématiques ou écoles de botanique, présentent une très grande quantité d'espèces, alors que les jardins thématiques font une sélection de plantes, ce qui en limite le nombre. Dans un jardin systématique, c'est le nom de la plante ou sa position dans la classification qui est important, tandis que dans un jardin thématique, le nom a beaucoup moins d'importance que le concept qui y est développé. Un enseignant, s'il n'est pas formé particulièrement à la botanique, aura donc beaucoup plus de difficultés à mener et exploiter une visite dans un jardin systématique que dans un jardin thématique.

2. Les pratiques et dispositifs pédagogiques proposés aux scolaires

2.1. Le point de vue des responsables

En octobre 1999, l'association JBF (Jardins Botaniques de France et des pays francophones) a mené une enquête auprès d'une quarantaine de jardins botaniques adhérents (dont font partie les jardins les plus importants du réseau francophone) dans le but d'élaborer un livre blanc des jardins botaniques. Nous avons pu, grâce à leur complicité, glisser dans les envois un questionnaire traitant spécifiquement du public scolaire. 26 questionnaires nous sont revenus. Les résultats de cette enquête reflètent le point de vue des responsables de jardins. Les principales informations que nous pouvons tirer de cette enquête sont les suivantes.

2.1.1. La fréquentation

Ce sont essentiellement des classes primaires qui fréquentent les jardins. Certains jardins accueillent néanmoins une proportion significative de classes maternelles (Milly, Chèvreloup, Jardin des Plantes de Paris). Les collèges et lycées sont peu représentés, il s'agit assez souvent, pour les lycées, d'établissements de formation professionnelle (horticulture, paysage...). Nous avons recueilli très peu de données sur les visites libres, la plupart des jardins étant en accès libre, les groupes qui ne prennent pas contact avec le jardin pour une visite guidée ne sont pas comptabilisés. Le responsable du jardin exotique de Monaco, qui est accessible avec un droit d'entrée, nous signale environ 400 classes en visite libre par an, contre 20 classes en visite guidée, ce qui souligne son caractère « touristique » et l'absence d'un service pédagogique. Le conservatoire des plantes médicinales de Milly la Forêt nous précise que, outre les 140 classes accueillies au jardin, 140 animations sont menées chaque année directement dans les classes. Certains jardins n'accueillent pas du tout de classe, ce sont soit des jardins universitaires, soit des jardins privés, soit des jardins qui ne possèdent pas de personnel d'accueil par volonté ou faute de moyens. Certains jardins accueillent entre 10 et 50 classes. Ceux qui ont un personnel d'animation accueillent entre 150 et 400 classes par an (Milly, Brest, Nancy, Les Barres, Chèvreloup, Jardin des Plantes de Paris, Dijon, Marseille).

2.1.2. L'offre pédagogique

Sur les 26 jardins qui ont répondu, un peu plus de la moitié proposent des ateliers :
- 6 pour des ateliers jardinage,
- 13 pour des ateliers botaniques,
- 9 pour des ateliers ethnobotaniques,
- 2 pour des ateliers cuisine avec des plantes,
- 4 pour des ateliers divers (histoire des jardins, création artistique, conservation, musique verte...).

Dans 16 jardins, les visites sont effectuées par des animateurs (personnels permanents, emplois jeunes, partenariat avec une association ou institution, enseignants détachés...). Dans 3 jardins, les jardiniers assurent les visites, soit régulièrement, soit ponctuellement. Dans 7 jardins, c'est le directeur ou un chercheur qui fait les visites, soit par choix (groupes de haut

niveau), soit par obligation (jardins privés où le directeur assume toutes les tâches).
15 jardins produisent des fiches pédagogiques, 12 jardins ont élaboré des jeux ou des parcours destinés aux enfants. 6 jardins possèdent une salle d'activité et des aménagements pour le jardinage spécifiquement destinés aux enfants. Malles pédagogiques, collections pédagogiques, panneaux, petit matériel font aussi partie des outils mis à la disposition des classes.

2.1.3. La préparation de la visite

Les classes viennent avec un projet pédagogique (12/26), 5 disent que la moitié des groupes ont un projet et 9 que très peu de classes ont un projet.
La visite est préparée en classe avant (13/26), pour 6 jardins, la moitié des classes n'ont pas préparé la visite et 7 jardins déplorent que peu de groupes aient préparé la visite.

2.1.4. Les attentes des enseignants

Les représentations qu'ont les responsables de jardins sur les attentes des enseignants sont très diverses :
- la méthodologie d'approche participative, la compétence des intervenants, une aide et un support pour des projets pédagogiques 10/26,
- la sensibilisation des enfants au monde végétal en particulier à la flore locale, à la biodiversité et à l'environnement 8/26,
- une approche pratique et concrète, le développement du sens de l'observation 5/26,
- apprendre comment l'homme utilise les plantes (actuellement et dans le passé) 4/26,
- l'éveil des sens par les plantes 3/26,

- des éléments à exploiter en classe ensuite, en fonction des programmes scolaires 3/26,
- découvrir la botanique, la biogéographie, faire un travail sur l'arbre 2/26,
- le dépaysement, le contact avec la nature 2/26,
- recueillir des informations sur les plantes menacées et la conservation,
- avoir des idées pour enrichir ou créer un jardin,
- apprendre à reconnaître les plantes,
- le cycle des saisons,
- le cadre historique et culturel,
- dans les serres, le dépaysement, la découverte d'un univers extraordinaire, la connaissance des plantes utiles,
- une attraction touristique.

2.1.5. Relations avec l'Education Nationale

A l'unanimité, les responsables déclarent avoir de bonnes ou très bonnes relations avec l'Education Nationale (l'un d'entre eux déplore que l'Institution l'ignore alors que les relations avec les enseignants eux-mêmes sont bonnes). Les enseignants sont demandeurs, des partenariats sont en cours, des documents sont réalisés en collaboration (La Réunion, Nancy)
Par contre, 12 jardins n'organisent aucune formation destinée aux enseignants. 7 jardins assurent régulièrement ou ponctuellement des formations par le biais des IUFM, 8 jardins par le biais des inspecteurs ou conseillers pédagogiques.

2.1.6. Les partenariats

Aucun des responsables interrogés n'a connaissance d'expérimentations ou de travaux de recherche qui auraient fait l'objet de publication. Seuls des articles dans la presse sont mentionnés. Par contre, les partenariats sont nombreux avec des écoles ou des institutions, par exemple :

- dons de graines et aide à la création de jardins scolaires (Milly, Muséum),
- mise en place de projets sur l'année avec des classes (Brest, Les Barres),
- à l'école de la forêt (Ministère de l'Agriculture et Ministère de l'Education),
- replantations d'arbres dans les lycées avec l'aide du Conseil Général (Les Barres),
- classes inter-musées (Muséum, Nancy),
- suivis de classes et mise en place de projets sur l'année en partenariats avec des REP (Muséum).

Des partenariats pour des formations d'enseignants, par exemple, peuvent être mis en place avec des Inspections Académiques et des Rectorats.
Au total, 16 jardins déclarent avoir ou avoir eu des partenariats, 10 n'en ont jamais eu.

2.2. Le point de vue des enseignants

Pour compléter cet état des lieux, des entretiens semi directifs[61] ont été menés auprès de 8 enseignants de classes primaires et maternelles qui fréquentent les jardins botaniques avec leurs élèves.
De tous ces entretiens, il ressort que l'enseignant qui amène sa classe au jardin botanique a un intérêt personnel et une forte implication dans le domaine des jardins et des plantes. Généralement, il y vient aussi seul, pour son plaisir.
Quelques qualificatifs relevés au fil des entretiens montrent le fort aspect affectif lié au jardin : « *spectacle vivant, lieu de*

---

[61] Entretiens réalisés par Gaud Morel, dans le cadre d'une recherche sur l'utilisation des jardins botaniques par les scolaires (non publié).

vie, impression de liberté et d'espace (arboretum*), on y rencontre du concret, palette de couleurs, livre ouvert, très bel endroit, originalité des plantes, plantes très rares et spectaculaires...* ». Pour certains, ces endroits ne fonctionnent bien du point de vue pédagogique que *« s'ils sont beaux, calmes et s'ils suscitent l'émotion ».*
Curieusement, ces mêmes enseignants, quand ils considèrent le jardin du point de vue de son organisation, le trouvent « *austère, pas fleuri, intellectuel, présentant un classement complexe et nécessitant un certain niveau de connaissance pour y accéder* ». L'un d'eux, fréquentant plus volontiers un arboretum, qualifie même le jardin botanique (sous entendu école de botanique) de *« lieu élitiste, aussi aride qu'un dictionnaire sans photos ».*

Ceux qui fréquentent les serres les qualifient de « *lieux extraordinaires, dépaysants où tout est à découvrir* ». De plus, prévoir une sortie dans les serres, « *c'est éviter les risques d'intempéries* » ! Par contre, un enseignant reproche aux serres d'être « *un lieu fermé, trop chaud, où il y a trop de monde et où on ne peut pas s'arrêter et dessiner* ».

Les jardins botaniques sont un outil de référence, on y trouve des renseignements, les étiquettes rassurent. La rencontre avec les jardiniers est toujours appréciée, surtout quand un partenariat est institué et que le jardin donne des plantes ou des boutures à la classe. Les services pédagogiques, quand ils existent, sont appréciés également, certains enseignants interrogés ne seraient pas allés au jardin s'ils n'y avaient pas été accueillis par un animateur.

Pour plusieurs enseignants, notamment de l'école maternelle, le jardin n'est pas un lieu d'apprentissage mais un lieu où l'on s'imprègne des choses. La visite est trop ponctuelle, le temps est court, c'est en classe que se font les apprentissages.

L'idéal serait d'être très proche du jardin pour y venir régulièrement et le voir évoluer.
Un des enseignants apprécie que le jardin systématique ne propose pas de « discours » comme le ferait une exposition. Cela permet de mieux se l'approprier et d'y envisager toutes sortes d'utilisations.
L'aspect historique et culturel est relevé par 4 enseignants.
Le rôle scientifique du jardin botanique n'est pratiquement pas évoqué, c'est une collection où travaillent des scientifiques mais rien dans le jardin ne laisse entrevoir de quelles recherches il s'agit. C'est un peu une boîte noire mystérieuse.

2.3. La prise en compte des activités pédagogiques au jardin botanique

2.3.1. Les spécificités des jardins botaniques

Pour mieux caractériser les jardins botaniques, nous allons successivement présenter quelques éléments ou contraintes qui leur sont spécifiques et qu'il faut prendre en compte dans le cadre de la conception de projets pédagogiques.

Selon la définition de l'ICOM, les jardins botaniques, comme les musées, sont des « *lieux ouverts au public qui étudient et exposent à des fins d'étude, d'éducation et de délectation des témoins de l'homme et de son environnement* ». Sont donc exclus les jardins qui ne sont pas ouverts au public (comme le sont beaucoup de jardins privés) et qui n'ont pas de suivi scientifique. Les quelques exemples cités se réfèrent aux jardins français pour lesquels nous possédons le plus d'informations.
Les jardins botaniques sont à assimiler à des musées plutôt qu'à des expositions. En effet, ils présentent bien souvent la totalité de leurs collections au public et, en dehors de

l'étiquette d'identification de la plante, il est rare de trouver panneaux ou étiquettes informatives permettant d'en savoir un peu plus sur la plante. Il s'ensuit que chacun peut faire sa propre lecture du lieu, ce qui peut être un atout pour le jardin, mais plus souvent un inconvénient, la plupart des visiteurs n'ayant pas ou peu de culture scientifique[62].

Si les jardins botaniques et les musées d'histoire naturelle procèdent de la même démarche, à savoir collectionner et étudier les espèces naturelles, ils collectionnent du vivant ce qui les différencie beaucoup des présentations d'objets, musées ou expositions. Collectionner du vivant signifie tout d'abord une approche technique de l'objet, d'où l'importance du jardinier qui garde la maîtrise finale du contenu de la collection. Grâce aux savoir-faire accumulés au fil des années par les jardiniers, les jardins botaniques ont largement contribué à l'avancée de l'horticulture et à son enseignement. En revanche, les jardiniers ont beaucoup de difficultés à concevoir leur jardin comme un musée et encore plus à considérer leurs plantes comme des objets muséaux[63]. Une collection vivante est par définition évolutive, puisque des plantes meurent et sont remplacées, ou non, par d'autres. Les savoir-faire et les initiatives personnelles des jardiniers permettent d'enrichir en permanence la collection, notamment par échanges, mais peuvent aussi l'appauvrir ou en dénaturer l'esprit. Ces collections évoluent en fonction des goûts et des passions de ceux qui les gèrent et, comme

---

[62] D'après des enquêtes sociologiques menées tant au Muséum national d'Histoire naturelle que dans d'autres musées scientifiques (Palais de la découverte, Cité des Sciences et de l'Industrie) par Jacqueline Eidelman et son équipe, 1998.

[63]Cette remarque s'applique moins aux serres tropicales où les installations muséographiques sont plus fréquentes que dans les jardins extérieurs (Minchin S., 2000).

c'est le cas dans les collections de musées, elles peuvent aboutir à une accumulation et un empilement difficile alors à interpréter pour le visiteur.

Dans un jardin, on rencontre ceux qui en sont les acteurs, les jardiniers, alors qu'il est rare de rencontrer pendant sa visite au musée le muséologue ou le scientifique qui en a la gestion. Cette rencontre rend le lieu encore plus vivant et concret, elle permet des échanges entre les enfants et un professionnel.

Les jardins botaniques sont des lieux où se mènent de front des recherches de systématique et de biologie, des expérimentations techniques sur les végétaux et des essais d'acclimatation. Ce ne sont pas seulement des « vitrines » de présentation. Les jardins botaniques, en particulier les plus anciens, ne sont pas conçus pour l'accueil de groupes scolaires (exiguïté des allées, exhaustivité des présentations de plantes en l'absence de réserves, comme c'est le cas dans les musées, étiquetage et signalétique réduits souvent au minimum...).

La présence du vivant induit de forts aspects sensoriels et émotionnels aussi bien de la part des visiteurs que des jardiniers. Cette remarque est très importante puisqu'elle conditionne pour une large part les motivations des visiteurs et leur relation avec les jardiniers et les médiateurs.

Les différentes approches que l'on peut faire du jardin botanique s'expliquent par la diversité des publics : amateurs éclairés, naturalistes, horticulteurs, enseignants, simples amoureux des plantes, étudiants, groupes scolaires... On peut constater que tout le monde a quelque chose à dire sur les plantes : connaissances scientifiques ou techniques, expérience vécue. Les odeurs, les couleurs, les ambiances

déclenchent souvent des associations avec des souvenirs. Les plantes ont de tout temps servi à soigner, nourrir, embellir, habiller, teindre. Les traditions populaires les chargent de nombreux symboles. Même si notre civilisation urbaine a oublié ces usages, il en reste quelque chose dans l'inconscient collectif, une familiarité, une proximité.
Certains jardins botaniques sont soutenus financièrement ou administrativement par des associations (Bordeaux, Marnay sur Seine, Les Barres), ce qui permet une plus grande souplesse dans le fonctionnement et l'implication d'un plus grand nombre de personnes (Brun 1999).

2.3.2. L'intérêt grandissant pour les activités pédagogiques dans les jardins, en France et dans le monde

Depuis quelques années, on peut observer une plus grande prise en compte des publics dans les jardins. Sous l'égide de l'association Jardins Botaniques de France et des pays francophones, un colloque intitulé « Premières journées techniques pour l'éducation dans les jardins botaniques » s'est tenu en juin 1999 à La Gacilly. Il a été suivi d'un second, à Nancy en 2001. La venue massive des participants, une soixantaine (animateurs, directeurs, techniciens, jardiniers), montre bien une volonté de s'ouvrir aux publics et de répondre à leur demande. Les facilités d'embauche offertes par les emplois jeunes ne sont pas étrangères au fait que la plupart des jardins proposent maintenant des activités régulières et structurées aux groupes scolaires. L'analyse des diverses plaquettes et dépliants produits par les jardins nous donne de bonnes indications sur les pratiques pédagogiques (Delmas, Morel 1999).

Le réseau international des jardins botaniques, le BGCI (Botanic Garden Conservation International), émanation de l'UICN, organise depuis une douzaine d'années des rencontres internationales sur le thème de l'éducation et publie une revue trilingue intitulée « Roots ». La volonté de cet organisme est d'impliquer les jardins botaniques dans une politique de conservation des plantes menacées, aussi bien du point de vue technique et scientifique que du point de vue pédagogique. Cela amène à des prises de positions impliquant les aspects sociaux, politiques et économiques qui aboutissent à la notion de développement durable.

L'analyse des nombreux articles de la revue Roots et les actes des différents colloques organisés par le BGCI donnent une idée de la richesse des expériences et des initiatives menées par les jardins botaniques en direction du public. Il est évident que les problèmes sont très différents d'un jardin à l'autre, que les types d'animation dépendent du statut du jardin, de son budget, de sa localisation géographique, de la présence ou non de médiateurs...

2.3.3. Pourquoi amener une classe au jardin botanique?

Il existe de nombreux lieux où se pratique l'éducation à l'environnement : maisons de la nature, structures d'accueil en forêt, parcs naturels... Les jardins botaniques et les arboretums peuvent avoir un rôle complémentaire. Par exemple, dans le cadre d'une étude de la forêt, une visite dans un arboretum permet de voir en une seule séance l'ensemble des espèces ligneuses de notre flore, ce qui serait impossible dans la nature en un temps limité. Un jardin botanique, c'est la mise en évidence de la diversité végétale, on peut y voir des plantes des quatre coins du monde, dont certaines sont perçues comme extraordinaires. La présence des étiquettes facilite le repérage des plantes et met en évidence l'aspect scientifique du lieu. Beaucoup de jardins anciens possèdent une dimension historique et culturelle qui peut être exploitée.

Les jardins botaniques ont cependant des inconvénients. L'espace n'est généralement pas organisé pour l'accueil des groupes, on ne peut pas toucher aux plantes et la présence de groupes scolaires plus ou moins turbulents, est parfois mal vécue par les gestionnaires.

2.3.4. Visites guidées et ateliers

La forme d'action la plus pratiquée reste la visite guidée, qu'elle soit effectuée par un animateur scientifique, par un enseignant détaché[64] ou par un membre de l'équipe technique et scientifique. Ces visites peuvent avoir une forme interactive et intégrer des jeux ou des petites activités.
Les approches thématiques (Sergent, 1999) sont de plus en plus développées. Si auparavant[65], l'habitude était de faire une visite au gré de l'inspiration de l'intervenant ou en fonction des opportunités de la saison, on constate que la plupart des jardins proposent maintenant, des visites à thème. On peut subdiviser ces thèmes en plusieurs catégories :

- Les thèmes botaniques (observations, biologie, cycle des saisons). Ce sont les thèmes les plus pratiqués, car ils sont très liés aux programmes scolaires (Morel, 1993). Les enseignants, à partir de ces visites peuvent exploiter de nombreuses pistes, en faisant des cultures, des observations et des expérimentations en classe.

---

[64] Cf dans le même ouvrage l'article de J. Geyssant L'Education nationale un partenaire privilégié des institutions muséales scientifiques.

[65] Les visites de serres tropicales se font encore souvent selon ce modèle, sans thème fédérateur.

- Les thèmes écologiques, en lien avec des études réalisées en classe sur la forêt par exemple dans le cadre de l'opération « A l'école de la forêt ». Les visites de serres traitent de ce thème de façon privilégiée.

- Les thèmes ethnobotaniques (les plantes alimentaires, les plantes médicinales, les plantes à parfum, les plantes textiles et tinctoriales...). Ces thématiques sont de plus en plus développées en particulier grâce aux aménagements de jardins ethobotaniques que réalisent certains jardins (Lieutaghi 1991, Guignard 1999). Les enseignants y trouvent de nombreuses pistes d'exploitations pédagogiques (alimentation, histoire, jardinage, arts plastiques...). Pour des enseignants peu familiarisés avec la biologie, les thèmes liés à l'homme et à l'histoire sont plus faciles à exploiter que des thèmes plus scientifiques. L'ethnobotanique permet des approches pluridisciplinaires intéressantes, en particulier au collège, quand des enseignants de plusieurs disciplines se mobilisent sur un projet commun.

- Les thèmes liés à la conservation des espèces et à l'éducation à l'environnement. Même si les jardins botaniques européens revendiquent leur rôle dans la conservation des plantes menacées, les activités pédagogiques autour de ce thème ont du mal à se mettre en place, sauf dans les conservatoires (Roguet, 1993 et Ruellan, Peron 1999). Au Conservatoire Botanique National des Mascarins à La Réunion, l'organisation d'une partie du jardin est conçue spécifiquement pour les visites scolaires et le grand public. Le Conservatoire est fréquenté par des classes provenant souvent de milieux défavorisés. Une attention toute particulière est portée au type de message et d'information qui leur est donné, en particulier sur les plantes les plus menacées de leur environnement proche.

Un certain nombre de jardins proposent des ateliers. Ils doivent pour cela disposer d'une salle pour ces activités pédagogiques. Les ateliers à dominante botanique comportent des observations et manipulations de plantes vivantes, d'herbiers, de fruits et graines. Au cours de ces séances, les enfants utilisent du matériel d'observation qu'ils ne peuvent avoir en classe (loupes binoculaires par exemple).

La pratique du jardinage est de plus en plus répandue dans les écoles, même si les écoles urbaines se limitent parfois à l'installation de quelques jardinières faute de place. De nombreuses classes viennent donc au jardin pour compléter l'activité : voir des plantes que l'on ne peut cultiver à l'école, rencontrer un jardinier, avoir une connaissance plus globale du monde végétal. Les jardins botaniques en Europe, souvent installés au coeur des villes, ne disposent généralement pas de la place suffisante pour organiser des jardins scolaires, comme cela est pratiqué couramment aux Etats Unis et au Canada. Les ateliers de jardinage parfois proposés par les jardins se limitent donc à des semis et bouturages en pot, activité qui demande peu de place et peut se pratiquer toute l'année.

Les approches par thème et surtout l'évolution de la végétation au cours des saisons justifient que l'on vienne au jardin plusieurs fois. En effet, une visite isolée a beaucoup moins d'impact que plusieurs visites complémentaires étalées sur l'année[66].

---

[66] Des partenariats avec des ZEP (Zones d'Education Prioritaires) nous ont amenés à suivre des classes sur l'année, les enfants viennent au moins trois fois et nous maintenons un suivi avec les enseignants, notamment par le biais de formations et de bilans.

La présence d'un animateur (Dixon 1992) reste dans bien des cas une motivation importante pour la visite et une garantie de l'utilisation optimum de la sortie scolaire. L'intervenant, personne extérieure à la classe, apporte beaucoup plus que des connaissances et un accompagnement dans le jardin. Il est un référent pour les élèves et pour l'enseignant, avec son langage propre. Il vit dans le jardin et a donc une approche très personnalisée du lieu. Cependant on observe au fil des années une exigence des enseignants de plus en plus grande. Ils réclament des activités concrètes, des manipulations et des ateliers plutôt que des interventions de type visite guidée qui entraînent davantage de passivité de la part des élèves.

2.3.5. Des formules variées, dans le jardin et hors du jardin

En France, la fonction des jardins est d'être des lieux que l'on visite, c'est-à-dire que l'objectif est de faire venir les classes au jardin pour voir les collections. Mais dans de nombreux pays, notamment des pays en voie de développement, la mission éducative des jardins dans le domaine de la conservation et de la gestion de la biodiversité amène fréquemment les personnels à intervenir auprès du public hors du jardin. Les collections vivantes ne sont plus le support de l'animation, c'est plutôt le message que véhiculent les plantes qui est important (Price 1991). Cette mission « militante », en Europe, est dévolue aux associations plus qu'aux institutions.

La présentation d'expositions thématiques en salle peut être aussi un moyen pour les jardins botaniques de faire venir les classes sur des thèmes complémentaires aux collections vivantes. Par exemple, les jardins de Nancy, Dijon et Cordoue en Espagne organisent de nombreuses expositions à dominante ethnobotanique (le chocolat, les fibres textiles, les petits fruits...). Certains jardins (Bordeaux) présentent des expositions thématiques de plantes vivantes. Le renouvellement des sujets d'exposition incite les enseignants à venir régulièrement au jardin.

De nombreux jardins utilisent également la diversité des provenances des plantes et la richesse des collections en plantes utiles des quatre coins du monde pour impliquer les différentes ethnies d'une communauté et favoriser les échanges (Shenk, Ceska 1999). Le Chelsea Physic Garden, à Londres, a créé un jardin de plantes marocaines destiné à valoriser les connaissances traditionnelles des femmes marocaines immigrées à Londres. Le Jardin Botanique de Brooklyn, à New York, possède un immense potager divisé en parcelles attribuées aux habitants des environs, regroupés selon leur ethnie. Ce potager est accessible aux visiteurs. En Afrique du Sud, des expériences ont été menées dans des quartiers défavorisés pour amener les enfants à cultiver des jardins potagers à proximité de leur lieu d'habitation. Au-delà de la prise en charge et de la valorisation de l'espace environnant, ces cultures fournissent des produits alimentaires aux enfants qui en ont besoin. Aux Etats Unis et au Canada, les jardins botaniques pratiquent beaucoup le jardinage scolaire, soit à l'intérieur du jardin (Montréal, Brooklyn), soit dans les quartiers (les Jardins Botaniques du Bronx et de Brooklyn soutiennent de nombreuses initiatives de jardins communautaires).

L'approche par les plantes médicinales (Pushpangandan 1999) est très importante, dans de nombreux pays où les plantes sont la seule ressource contre les maladies (Inde, Mexique, Amérique du Sud). Le Jardin Botanique de Mexico a créé des malles pédagogiques contenant des plantes usuelles du Mexique et leurs produits de transformation. Les animateurs vont dans les villages et les écoles pour y mener leurs activités. En Inde, les jardins botaniques sont le support d'activités éducatives en direction des villageois, en particulier des femmes, pour leur apprendre à cultiver les plantes médicinales et à les respecter dans leur milieu naturel.

De plus en plus de jardins créent des jardins des cinq sens, particulièrement destinés aux mal voyants (Genève, Brooklyn, Padoue...) mais où chacun peut y trouver un intérêt.

Dans les pays anglo-saxons, on pratique beaucoup les jeux de rôle par exemple pour découvrir les propriétés des plantes médicinales ou pour évoquer la biodiversité et la responsabilité de l'homme dans sa préservation (Foster 1991). Théâtre, mime, poésie, arts plastiques, jeux peuvent aussi être des supports d'animation ayant pour thème le monde végétal.

Au Conservatoire Botanique National de Brest, toutes les actions (sentiers, visites guidées, panneaux, expositions temporaires) sont orientées vers la conservation. Des partenariats avec divers établissements scolaires[67] ont permis des actions exemplaires, basées sur la pédagogie de projet, par exemple :

- une classe de CES d'un collège a réalisé en Bretagne l'inventaire d'une espèce menacée (Ruellan, Peron 1999),
- trois classes primaires ont participé à la multiplication, au Conservatoire, d'une plante menacée des Açores, ce qui leur a donné l'occasion d'échanger avec des élèves des Açores. Les jeunes plants sont ensuite partis en bateau aux Açores par l'intermédiaire d'une association partenaire du projet.

---

[67] Communication verbale, coupures de presse.

Les enfants des Açores ont replanté ces plantes dans leurs écoles, les jeunes brestois ont pu suivre le destin de leurs plantes. Une opération similaire est en cours avec les Seychelles.

En Afrique, certains jardins[68] envoient leurs animateurs dans les villages avec des vidéos, des brochures et du matériel pédagogique pour sensibiliser les populations à la protection de la forêt et de l'environnement naturel des villages.
Aux Canaries, les enfants participent à la multiplication et à la plantation d'espèces endémiques de l'Ile.

Des formations pour les enseignants[69] (Rossman 1996) sont pratiquées dans de nombreux jardins. Elles peuvent être de courte durée, avec pour objectif de donner aux enseignants le mode d'emploi du jardin, afin de connaître son organisation, ses objectifs, ses particularités. On peut pratiquer pour les enseignants des visites à thème, comme il peut en être proposé aux classes, le but étant alors de leur donner des connaissances précises qui leur permettent par la suite de mieux préparer et exploiter leurs visites.
Au Conservatoire Botanique National des Mascarins (La Réunion), un partenariat très avancé est mené avec l'Education Nationale pour la conception de formations d'enseignants et la construction de référentiels qui croisent les objectifs de chaque niveau scolaire avec les opportunités offertes par le jardin botanique (Paternoster 1999).

---

[68] Le jardin botanique de Limbe au Cameroun mène des actions exemplaires dans ce domaine.

[69] Le numéro 11 de la revue du BGCI, Roots, de décembre 1995 est entièrement consacré aux formations d'enseignants.

En conclusion

Il est très difficile de transposer des expériences intéressantes d'un jardin à l'autre et encore plus d'un pays à l'autre. De nombreux facteurs entrent en compte, tels que le statut du jardin, ses moyens financiers, sa situation géographique, sa superficie...

Néanmoins, on peut dire qu'un jardin offre de nombreuses possibilités pour les groupes scolaires. On y montre du vivant, cela a un impact très fort sur les enfants (même si les animaux sont toujours plus attractifs). Cela induit de nombreux aspects sensoriels, odeurs, couleurs, ainsi que l'importance de la météo puisque la visite se déroule en plein air, le toucher et même dans certains cas, le goût. Les plantes permettent une observation rapprochée, des manipulations (dissection, expérimentations) ce qui n'est pas possible avec des animaux pour des raisons éthiques. Dans un jardin, on peut y effectuer plusieurs visites dans l'année, on n'y verra jamais la même chose.

On retrouve dans le jardin beaucoup de points communs avec un musée d'histoire naturelle : prise de conscience de la biodiversité, idée de classement, adaptations au milieu... Un des avantages du jardin botanique est la présence permanente de scientifiques et de jardiniers qui sont autant de ressources pour enrichir les contenus des animations.

Les expériences menées sous la forme de projets suivis sur l'année sont évidemment les plus fructueuses sur le plan des apports méthodologiques et disciplinaires pour les élèves.

Malgré toutes les potentialités qu'offrent les jardins botaniques, force est de constater qu'ils sont trop peu fréquentés par les classes, et ceci pour plusieurs types de raisons. Mis à part dans les jardins récents, l'espace n'est pas conçu pour les groupes, les allées sont souvent étroites, l'étiquetage est limité à la nomenclature scientifique. Des aménagements, parfois minimes, permettraient de pallier à ces inconvénients, en particulier l'installation de panneaux d'interprétation expliquant le thème du jardin et les principaux centres d'intérêt. Cette signalétique adaptée permettrait aux enseignants et aux élèves de s'approprier le lieu et de tirer parti au maximum de leur visite. Un autre obstacle à la venue des groupes scolaires dans les jardins botaniques est dû à la mauvaise image de la botanique traditionnelle auprès de nombreuses personnes. Beaucoup d'enseignants n'imaginent pas utiliser ces lieux autrement que pour la systématique et la nomenclature, ce qui peut paraître ardu et peu adapté à leur demande. Les jardins doivent « conquérir » leur public enseignant en proposant davantage de formations bien ciblées, des publications utilisables dans le cadre scolaire, des activités adaptées aux différents niveaux scolaires et ceci en partenariat avec l'Education Nationale.

Enfin, les recherches en sciences de l'éducation liées au jardin botanique sont peu nombreuses. Nous n'en avons pas trouvé en France. Il en existe en Angleterre et aux Canaries, mais elles portent essentiellement sur l'éducation à l'environnement et à la citoyenneté et non sur une approche muséale du jardin.

Bibliographie

Barabé, D., (1991) Les approches didactiques et le jardin botanique. Musées. Vol 13 n°3 pp. 150-159.

Brun, R., (1999) Jardin botanique et association : quel soutien pour l'éducation. Actes des premières journées techniques pour l'éducation dans les jardins botaniques. Besançon pp. 3-25.

Delmas, M., Morel, G., (1999) Les guides et les documents d'interprétation dans un jardin botanique. Actes des premières journées techniques pour l'éducation dans les jardins botaniques. Besançon pp. 14-15.

Dixon, C., (1992) Environmental education in UK botanical gardens and arboreta : a survey of botanic gardens staff and the general public. Roots n° 5. Londres.

Eidelman, J., (1998) L'espace muséal scientifique et ses publics. In qui visite les musées de sciences ? La lettre de l'OCIM, n°55. Dijon

Eidelman, J., (1990) Evaluation d'audience de la Galerie de l'Evolution, 1re phase. Rapport interne Muséum.

Foster, J., (1991) Australian botanic gardens : a resource for enviromental education. Actes du congrès sur l'éducation dans les jardins botaniques à Utrecht. BGCI Londres, pp. 78-84.

Guide des jardins botaniques de France, (1991). JBF, APBF. Paris.

Guide des jardins botaniques de France et des pays francophones. JBF. Paris, (2000).

Guignard, M., Guignard, V., (1999) Botanique et éducation au jardin-musée de Limeuil. Actes des premières journées techniques pour l'éducation dans les jardins botaniques. Besançon, pp. 36-37.

Ivolas, J., (1908) Les jardins alpins. Description, organisation, ressources. Paris, Genève.

Lieutaghi, P., (1991) L'ethnobotanique : une entrée simple au jardin savant. Actes du symposium Jardins botaniques et arboretums de demain : des outils pour l'étude et la protection de la diversité biologique. Paris, pp. 83-90.

Minchin, S., (2000) Les tropiques à Sens, les serres de collection, une première étape dans la construction du futur muséum de la ville de Sens. La Lettre de l'OCIM, n°71, Dijon. pp. 8-12 .

Morel, G., (1993) Les scolaires dans les jardins botaniques : comment gérer les visites en fonction des programmes scolaires. Bulletin des jardins botaniques. n° 28. Besançon, pp. 30-32.

Paternoster, M., (1999) Intégration de l'éducation à l'environnement par les plantes dans le cursus scolaire. Actes des premières journées techniques pour l'éducation dans les jardins botaniques. Besançon, pp. 43-49.

Price, R., (1991) How can we get more young poeple interested in plants? Actes du congrès sur l'éducation dans les jardins botaniques à Utrecht, BGCI Londres, pp. 114-116.

Pushpangandan, P., (1999) Empowering the community, wealth for all. Roots n° 17. Londres, pp. 29-31.

Roguet, D., (1993) Education dans les jardins botaniques : une nouvelle approche. Actes du colloque Nature et jardins botaniques au XXIe siècle. Boissiera 47. Genève, pp. 189-203.

Rossman, Alan D., (1996) The role of public garden in teacher change. Roots n°13. Londres, pp. 16-18.

Ruellan, L., Perron, P., (1999) Sensibilisation du public à la conservation : les actions menées à Brest. Actes du colloque de Brest. Les plantes menacées de France. Bull. de la Société botanique du Centre-ouest- Nouvelle série. Numéro spécial 19. St Sulpice de Royan, pp. 353-354.

Ruellan, L., Perron, P. (1999) Mise en place au sein de serres pédagogiques d'un sentier d'interprétation sur la conservation des espèces végétales menacées de disparition. Actes du colloque de Brest. Les plantes menacées de France. Bull. de la Société botanique du Centre-ouest -Nouvelle série. Numéro spécial 19. St Sulpice de Royan, pp. 583-586.

Sergent, C., (1994) L'animation pédagogique. Actes des premières journées techniques pour l'éducation dans les jardins botaniques. Besançon, p 16.

Shenk, A., Ceska , J., (1999) People, plants and habitat- a lifelong connection. Roots n°17. Londres, pp. 34-37.

Westphal Lynne, M., (1993) USA Forest Service. Plant communities / people communities. Visitor behavior. Vol III, n°1 p 16.

L'accueil du public scolaire dans les parcs zoologiques

Sophie Grisolia[70] – Françoise Lemire[71]

Les parcs zoologiques ont un succès populaire que nul ne peut nier. Prescott (1992) a estimé que l'ensemble des parcs zoologiques accueillait de par le monde plus de 500 millions de visiteurs par an. Gutknecht, précisait pour sa part en 1975, et donc bien avant la grande campagne de rénovation des parcs zoologiques, qu'un Français sur trois, au moins, visitait chaque année des parcs zoologiques. Nous n'avons malheureusement pas trouvé d'estimation plus récente mais il est clair que ces parcs jouissent de facilités en termes d'implication et d'interactivité, le public étant immédiatement en contact ou à proximité d'animaux vivants qui réagissent à sa présence. On estime que les scolaires représentent 25% de ces visiteurs, ce qui conduit à nous interroger sur les pratiques pédagogiques mises en place par les responsables des parcs zoologiques afin de répondre aux besoins du public scolaire.

Si depuis de nombreuses années, les professionnels des Musées s'intéressent à l'histoire et à la place de l'institution muséale dans la société, les collections vivantes sont néanmoins les parents pauvres de cette réflexion. Certains auteurs lient le petit nombre de publications consacrées à ce sujet, au statut imprécis et peu valorisé des parcs zoologiques (Davallon 1987). Des recherches, plus nombreuses dans les pays anglo-saxons qu'en France, offrent cependant une approche des modes de médiation dans ces établissements.

---

[70] Muséologue, Muséum national d'Histoire naturelle.

[71] Unité scientifique du Muséum Muséologie et médiation des sciences.

Nous nous attacherons ici, à mettre en avant le potentiel des zoos français en matière de pédagogie, en tenant compte de la spécificité, de l'évolution et de la situation de ces établissements. Pour cela, nous avons examiné 82 zoos sur leur offre éducative et, plus particulièrement, nous avons choisi d'étudier 17 établissements répartis sur l'ensemble de la France (nord, est, ouest, centre, île de France et sud) développant des activités variées.
Nous verrons donc, dans un premier temps, comment la muséographie des zoos a évolué de concert avec leurs objectifs pédagogiques, puis, nous analyserons l'offre pédagogique actuelle : les nouvelles orientations, les propositions classiques, les initiatives originales et enfin nous analyserons l'impact d'une visite au zoo.

1. Évolution conjointe de la muséologie animalière et des objectifs pédagogiques des zoos

Les jardins puis les parcs zoologiques ont succédé aux ménageries, et, à partir de 1970, nous assistons à la prolifération d'établissements dont la diversification de formes se traduit par la terminologie utilisée : parcs de vision, safari-parcs, parcs animaliers ou ornithologiques, réserves…
Bien que le but ne soit pas de présenter ici un historique des parcs zoologiques[72], nous souhaitons cependant évoquer les évolutions récentes qui ont eu des répercussions importantes sur le développement de projets éducatifs et montrer l'intérêt pédagogique que conserve chacun de ces types de présentation.

---

[72] Pour plus d'informations à ce sujet, cf dans le même ouvrage l'article d'Yves Girault « Le musée de science : d'un parti pris épistémologique à la prise en compte des publics ».

1.1. De la ménagerie aux parcs zoologiques : de la systématique à la biogéographie

Au XVIIIe siècle, les ménageries publiques puis les jardins zoologiques sont créés pour éduquer et satisfaire la curiosité du peuple en présentant le règne animal selon les règles de la systématique. Aujourd'hui, sur le plan éducatif, la présentation type « ménagerie », même si elle est critiquée pour la petitesse de ses cages ou parcs, a l'avantage, du fait de la grande proximité de l'animal captif, d'axer toute l'attention sur celui-ci, de susciter des émotions et de faciliter l'observation anatomique. Et si voir n'est pas apprendre, voir de près des animaux vivants est forcément un premier pas vers la connaissance.

Avec l'apparition des parcs zoologiques, les vastes enclos extérieurs donnent l'illusion d'animaux en liberté dans leur milieu. La France n'a pas les moyens des reconstitutions des écosystèmes comme en Amérique du Nord, et les parcs français se contentent souvent de proposer des solutions à la hauteur de leur budget en plaçant de la végétation dans les enclos (pour les espèces qui ne la consomment pas) ou bien en l'évoquant par des fresques picturales (savane africaine peinte sur les murs des loges intérieures des girafes) (Girault 1988 b).

Aujourd'hui cependant, les zoos ont dû investir dans des modes de présentation de plus en plus ambitieux comme la serre des gorilles au Zoo de Beauval et il est possible d'admirer dans l'hexagone de magnifiques parcs zoologiques.

Cette présentation biogéographique améliore l'esthétique tout en jouant un rôle éducatif auprès du public en resituant géographiquement les animaux dans leur milieu. Cependant, le reflet de la relation étroite et indissociable entre le monde animal et le monde végétal, la complexité et la fragilité des écosystèmes ne s'illustrent véritablement qu'avec l'apparition des réserves et des safari-parcs.

1.2. De la réserve au safari-parc : plus d'espace, une approche des conditions naturelles

Les parcs-réserves dont les animaux sont en liberté dans des espaces de plusieurs dizaines ou centaines d'hectares permettent la présentation de collections vivantes d'espèces compatibles. Présentées en troupeaux, elles ont pour décor le paysage local, comme au CERZA de Lisieux par exemple. Dans les parcs de vision, les animaux de la faune européenne sont présentés dans un espace totalement libre, agrémenté d'affûts d'observation, comme au Zoorama de Chizé. Cette volonté de liberté pour les animaux s'exprime jusqu'à donner naissance aux safari-parcs où les visiteurs circulent au milieu des enclos mais enfermés dans leur véhicule.
Sur le plan pédagogique, ces présentations d'animaux en liberté permettent de développer des thématiques touchant aux différents modes de déplacement, aux comportements sociaux au sein d'une même espèce, aux relations interspécifiques... Les animaux peuvent être observés dans des conditions qui s'approchent le plus possible des conditions naturelles, même si, pour des scolaires enfermés dans un car, il est parfois difficile de fournir un travail d'observation précis. Il peut arriver également que les animaux ne soient pas au rendez-vous. Cette situation démontre aux jeunes toute la difficulté des observations dans la nature et la nécessité de faire preuve de patience ce qui leur permet d'apprécier encore mieux le plaisir de surprendre les animaux en liberté.

1.3. Du dressage à l'enrichissement des milieux de captivité

Parallèlement à cette évolution, un certain nombre d'établissements prennent en compte les résultats de recherche en éthologie. Ainsi, certains parcs zoologiques[73] proposent des attractions animalières, pour occuper les animaux captifs en trompant leur ennui (les perroquets font du vélo et les otaries jouent au ballon…). Dans le meilleur des cas, ces activités sont accompagnées d'informations éducatives sur la biologie ou la protection des espèces.
D'autres zoos privilégient un moyen plus proche du comportement naturel des animaux en proposant un « enrichissement du milieu de captivité ». Il s'agit de trouver des aménagements adaptés à chaque espèce. L'animal doit chercher sa nourriture, faire un effort pour la saisir ; on varie son menu. Ainsi, un arbre à gomme a été confectionné pour des tamarins au Parc zoologique de Vincennes et des blocs de glace « fourrés » de pommes ou de poissons sont distribués aux ours blancs. On introduit dans les enclos des cordes, des troncs d'arbres morts pour les singes ou les félins afin qu'ils aient plus d'activités et un temps mieux rempli…
Ce progrès dans la présentation des animaux captifs est évidemment bénéfique aux animaux, mais aussi au public à qui l'on propose des animations pédagogiques autour des repas des animaux et qui peut ainsi observer de près certains comportements naturels redécouverts. Le moment du nourrissage peut être un prétexte à l'observation sur le régime alimentaire et les adaptations à la nutrition. Mais attention au danger d'une dérive vers une trop grande

---

[73] Nous ne parlons pas ici des établissements spécialisés comme les voleries de rapaces, centres marins… qui ont développé des spectacles de dressage d'animaux comme principale activité mettant en scène les capacités d'apprentissage des animaux présentés.

artificialité qui n'aurait plus rien à voir avec l'environnement et le comportement naturel animal.

Remarquons pour conclure ce survol de différents types d'établissements zoologiques, que le modèle « parc zoologique » est encore très majoritaire en France. Si ces parcs évoluent au cours du temps, ils ne semblent pas avoir la possibilité de changer radicalement de type de présentation. Seules, des créations ou des restructurations complètes permettraient l'émergence d'une nouvelle muséographie.
Par ailleurs, rares sont aujourd'hui les établissements zoologiques qui présentent à la fois des oiseaux, des mammifères, des reptiles, des poissons et des amphibiens…
La tendance actuelle est d'aller dans le sens d'une spécialisation. Ainsi, le zoo de Vincennes s'est spécialisé dans les lémuriens, le parc de La Cabosse, dans les félins ; quant à la réserve de Sigean, elle ne présente que la faune africaine.
De nombreux parcs ont également choisi la conservation des espèces et non pas l'aspect « exhibit sensationnel ». C'est le cas de la Ménagerie du Jardin des Plantes par exemple, mais c'est aussi celui des parcs zoologiques de Mulhouse, ou de Doué la Fontaine qui limitent leur politique d'acquisition et d'élevage aux espèces menacées, et qui, parfois même, s'impliquent directement dans des programmes de préservation *in situ*. Ceci marque une évolution des collections, qui débuta vers les années quatre-vingt et qui sur le plan pédagogique a permis de développer des thématiques dominantes, spécifiques à chaque structure.

2. L'offre pédagogique d'aujourd'hui

2.1. L'émergence de deux nouveaux discours : la diffusion des connaissances et la conservation des espèces.

- *La diffusion des connaissances*

Après une crise de fréquentation et d'identité, les parcs zoologiques se sont redécouverts une nouvelle fonction : la diffusion des connaissances. Cette prise de conscience s'est manifestée dans les années soixante-dix. En utilisant la sensibilité et l'émotion du public face à l'animal vivant, on tente de faire acquérir des connaissances aux visiteurs.
En 1978, un premier colloque sur le rôle pédagogique des parcs zoologiques a lieu à Mulhouse. Interzoo[74] multiplie alors les articles faisant référence aux actions entreprises dans le domaine de la pédagogie. Des liens privilégiés se créent entre les parcs et les écoles, et, dans les années 80, sortent les premiers "cahiers pédagogiques" pour les scolaires et les enseignants dont l'initiative revient au Zoorama de Chizée et au zoo d'Amiens. En 1980, un des plus importants services pédagogiques français est mis en place au zoo de Vincennes. Composé de quatre personnes, le service propose une alternative de loisirs-éducatifs sur les modèles anglo-saxons et américains (Girault 1987). Il effectue des visites guidées, confectionne des pancartes, publie des cahiers et fiches pédagogiques, organise des stages pour enseignants (Girault 1988 a) et monte, dès 1983, des expositions thématiques utilisant l'interactivité et des moyens ludiques pour motiver le public et valoriser les collections (conception de bandes dessinées, dessin animé) (Girault 1986, 1993).
En 1986, Le SNDPZ organise au Zoorama de Chizée, "les journées de réflexion sur la pédagogie en centre animalier".

---

[74] Revue du SNDPZ, Syndicat National Des Parcs Zoologiques.

Puis, le mouvement s'intensifie et donne naissance en 1992 à une commission pédagogique, entre les associations de parcs zoologiques et d'aquariums. Malheureusement, il semble qu'il y ait un décalage entre la prise de conscience et l'exécution de cette nouvelle mission puisque actuellement tous les parcs zoologiques n'offrent pas encore d'activités spécifiques aux scolaires. Aujourd'hui, la proportion des parcs zoologiques français qui annonce un service pédagogique avoisine les 40%[75] (Grisolia, 1996). Cependant, rien n'indique qu'il s'agisse réellement d'une personne employée à plein temps et formée pour cette fonction, ou s'il s'agit d'initiatives individuelles de personnels du zoo ou d'enseignants locaux, comme cela semble souvent être le cas... Quoi qu'il en soit, ces établissements zoologiques proposent principalement des fiches pédagogiques (41%). Certains offrent des animations (37%), des expositions temporaires (35%), des visites guidées (26%), des ateliers (21%), des audiovisuels (20%), des conférences (12%) et des manifestations (9%). Mais attention, derrière ces chiffres se cache une grande inégalité dans la qualité et la quantité des présentations ou des activités annoncées.

- La conservation des espèces

Depuis peu, promouvoir l'éducation du public fait autant référence à un partage du savoir concernant la biologie animale, qu'à une volonté de sensibiliser les visiteurs au respect de la nature, de la vie animale et de son incidence sur l'Homme. De la même façon que les musées ont évolué "de musées d'objets en musées d'idées" (Van Praët, 1989), les parcs zoologiques tentent de passer de zoos "d'objets vivants" à des zoos "d'idées". La monstration d'individus est en train

---

[75] Cette estimation a été calculée à partir d'un questionnaire envoyé aux 178 parcs français et qui a reçu 82 réponses.

de faire place à la transmission d'un message sur la conservation de la nature. Le concept des parcs zoologiques n'est plus fondé sur l'esthétique de l'animal ou sur sa rareté, mais sur l'importance de sa relation avec la nature. L' « animal » n'existe plus en tant que tel, mais en tant que témoin et acteur vivant d'un écosystème fragilisé. Le discours vise désormais, à sensibiliser le public sur la nécessité de protéger l'environnement et de maintenir la biodiversité. Il tente de mieux faire connaître le monde animal, volonté déjà exprimée dans la muséographie des espaces de captivité. De plus, l'émergence des associations de protection des animaux, a contraint les parcs à modifier une présentation jugée trop carcérale.

Dans les années soixante-dix, sous l'impulsion des parcs américains, des plans d'élevage d'espèces menacées furent mis en place dans les zoos. Le plan européen, ou EEP (Europäisches Erhaltungszucht Programm) est coordonné avec le Ministère de l'Environnement et celui de l'Agriculture. Lorsqu'un zoo participe à ces programmes de préservation pour une ou plusieurs espèces, ce sigle EEP apparaît sur ses brochures et sa signalétique ; on voit également se multiplier les panneaux justifiant le rôle des zoos. De même, dans les animations ou les visites, les animateurs expliquent la part que prend l'établissement dans la conservation - voire la réintroduction - des espèces menacées. Il est vrai que la conservation de la biodiversité, la préservation d'une espèce ou de son milieu peut fournir un excellent objectif pédagogique à une visite au zoo. Or, rares sont les parcs qui allient une réelle politique de conservation et de diffusion des connaissances et qui proposent de véritables animations pédagogiques sur le thème. Soulignons donc, parmi ceux qui le font, le cas du zoo de Mulhouse qui dans son animation « Biodiversité menacée et Zoo »[76]

---

[76] http://www.cc-mulhouse.fr/zoo/ Voir dans Espace enseignants.

propose de faire comprendre aux élèves de primaire mais aussi aux collégiens et lycéens ce qu'est la biodiversité, les conséquences des activités humaines sur celle-ci et le rôle des zoos en tant que centres de conservation.

2.2. L'offre pédagogique classique

Remarquons que si la plupart des zoos offre (ou vende...) des fiches pédagogiques pour les élèves et/ou les enseignants, leur contenu peut être très inégal d'un établissement à l'autre. L'offre pédagogique peut se résumer à la conception des fiches précitées et à la mise en place de parcours balisés par des pancartes explicatives. Dans ce cas, la visite est libre, l'enseignant et les enfants utilisant les documents fournis par le zoo, le professeur animant lui-même la visite.
Soulignons que les visites qui ne reposent que sur un questionnaire ne sont pas les plus enrichissantes : les enfants se focalisent sur la recherche de la réponse au détriment de la réflexion, la déduction ou d'une bonne observation de l'animal et de son comportement. Plus grave encore, ils se désintéressent totalement de toutes informations ne répondant pas directement au questionnaire. Le questionnaire est un meilleur outil quand il est utilisé en classe, après la visite, pour réexploiter ce qui aura été observé et découvert ou pour vérifier les acquis.

D'autre part, le terme « animations » peut recouvrir parfois une simple visite ou des activités ludiques pas vraiment pédagogiques. Les visites guidées ne sont pratiquées que par une petite vingtaine de parcs en France et ont une durée variant de 45 minutes à 2 heures. La visite générale, qui correspond à une présentation du zoo, est la plus fréquente.
Moins nombreux encore sont les parcs qui proposent des visites guidées thématiques. Les thèmes traités le plus souvent

tournent autour de la locomotion, l'alimentation, l'adaptation au milieu...
Quelques établissements, considérant que trop souvent la visite au zoo se résume à une séance devant des cages en écoutant un conférencier ou en remplissant des fiches, proposent aussi des ateliers en fonction de leurs spécificités avec des approches et des thématiques adaptées aux tranches d'âges. C'est ainsi que le service pédagogique du Parc zoologique de Vincennes propose une dizaine d'animations sur des thèmes classiques comme l'alimentation , les plumes, les bois et les cornes et d'autres moins classiques comme le problème de la captivité (enrichissement alimentaire) etc. L'animation ne se limite pas à une séance d'observation commentée : une salle pédagogique permet la manipulation d'objets (dents, crânes, bois, plumes...) ; les enfants préparent eux-mêmes les plateaux-repas des animaux qu'ils iront observer (un moyen original de leur faire comprendre que l'on ne peut pas nourrir les animaux avec n'importe quoi et n'importe comment). Les enfants passent alors du statut de simple observateur au statut d'acteur ce qui donne un impact bien plus important à l'animation.
Les choix thématiques sont généralement plus importants pour les maternelles et les primaires que pour les collèges et quasi-insignifiants pour les lycées. Il est vrai qu'il est difficile de faire déplacer les collégiens et encore plus les lycéens, leurs exigences de concordance entre la sortie et le programme scolaire étant encore plus drastique que pour les primaires. Le zoo de Mulhouse a pourtant réussi ce tour de force, il propose des animations pour le secondaire et rencontre même un grand succès avec les terminales S et les 1res ES avec une animation sur les Primates et l'évolution de l'Homme.

Les enseignants peuvent aisément contacter les personnels pédagogiques afin d'obtenir les descriptifs des animations.

Par ailleurs, la grande majorité des zoos annonçant un service pédagogique possède aujourd'hui un site internet permettant de prendre facilement contact ou connaissance de la nature des activités proposées et du contenu des différentes thématiques.

2.3. Quelques offres originales

De par leur présentation innovante, leur muséographie interactive ou la mise en place de parcours thématiques, certains parcs permettent de faire avec des scolaires des visites d'un grand intérêt pédagogique. Cependant, si les contenus sont diversifiés d'un zoo à l'autre en fonction de la philosophie de l'établissement, il n'est pas question d'établir ici un palmarès des services pédagogiques, mais seulement de prendre quelques exemples concrets développés en France ou à l'étranger, sans aucune exhaustivité.

- *Quand le zoo n'est pas le seul outil pédagogique*

Zoo et musée à la fois, ceci est une opportunité de site que l'on rencontre rarement mais qui peut être l'occasion de visites complémentaires sur un ou plusieurs jours permettant d'explorer un sujet grâce à des supports différents.

Commençons par une structure originale en elle-même et qui est un modèle de présentation pédagogique : situé dans le nord des Pays-Bas au Noorder Dierenpark de Emmen, le Biochron traite de l'histoire de l'évolution de la vie, avec comme acteurs principaux les animaux du zoo. Créé dans les années quatre-vingt-cinq, le Biochron utilise pour transmettre des connaissances, non seulement les animaux vivants, mais aussi des fossiles, maquettes, jeux interactifs, multimédias, spectacles, sons, lumières... le tout avec une pincée d'humour dans les textes et les présentations, ce qui en fait un lieu attractif offrant une abondante information. Depuis son ouverture, plusieurs millions de visiteurs, dont un nombre impressionnant de scolaires, se sont rendus au Biochron. S'il n'a pas d'équivalent en France, il semble qu'il ait été source d'inspiration pour quelques établissements zoologiques qui ont ponctuellement repris certains concepts muséographiques.

A Besançon, le site de la Citadelle associe un muséum, un parc zoologique, un insectarium, un aquarium, un climatorium et même un noctarium (pour observer les animaux nocturnes). L'ensemble permet une découverte globale de la Vie. Des animations d'une heure pour CE et CM sont proposées, encadrées par un animateur scientifique et des fiches constituent un dossier d'informations pratiques et pédagogiques pour préparer et enrichir la visite[77].

Une autre forme d'association plus courante en France : l'association zoo et parc ou jardin botanique. Cette association offre l'occasion de visites coordonnées autour de la découverte du vivant, faune et flore locales et exotiques. Ainsi, le Parc de la Tête d'Or à Lyon, conçu sur le modèle du jardin anglais intègre un lac mais aussi un parc zoologique et un jardin botanique. Le zoo propose des visites commentées et des stages de découverte ; et « les classes du Parc de la Tête d'Or » conçues pour les primaires et collèges sont une quinzaine d'animations ludiques et pédagogiques sur la faune et la flore du parc alliant observation in situ et utilisation de matériel pédagogique[78]. Ainsi, ce qui aura été appris lors de l'activité au zoo sur des espèces exotiques pourra être très facilement réexploité lors

[77] Brochure des activités pédagogiques de la Citadelle de Besançon.

[78] Brochure des activités pédagogiques du Parc de la Tête d'Or.

de l'animation dans le parc pour des espèces locales et en liberté.
En allant encore plus loin, l'équipe pédagogique du Zoorama de Chizé dans les deux-Sèvres[79], propose plus de 25 animations et thèmes pour des niveaux différents qui se déroulent à la fois dans la réserve nationale de 2 600 hectares et dans le parc animalier qui se trouvent tous deux dans la forêt domaniale de Chizé. Ils proposent « d'écouter, observer et sentir » dans des activités sur la réserve et, de « comprendre, toucher et participer » dans des activités au parc animalier. Leur objectif est clair : associer approche sensorielle, thématique et pluridisciplinaire pour une étude globale et fine du milieu forestier.

- Quand le zoo joue la proximité : à la découverte des animaux qui nous entourent

Un certain nombre de parc s'est spécialisé dans la faune de nos régions.
Ainsi, le parc de Sainte-Croix en Moselle a privilégié la faune européenne en présentant 80 espèces sauvages et 20 races domestiques sur une centaine d'hectares de forêts, de plaines et d'étang. Il accomplit un travail exceptionnel en direction des scolaires, se donnant comme objectif de sensibiliser les élèves, au respect des espèces sauvages et du milieu naturel, ainsi qu'au rôle économique et culturel des races domestiques. Il déploie une grande diversité d'outils pédagogiques ; c'est un opérateur efficace de l'éducation à l'environnement qui a reçu plus de 40 000 scolaires en 2001[80]. Quatre sentiers découvertes y sont proposés ainsi qu'une ferme lorraine, des animations diversifiées, des

79 http://www.zoorama-cenes.org/cenes/index.htlm

80 « L'école de la Nature », programme éducatif du Parc animalier de Sainte-Croix.

expositions, des productions pédagogiques etc. Certaines thématiques sortent des classiques cités précédemment, ainsi : la faune venue du froid, l'écosystème de l'étang, les animaux disparus du Moyen Âge lorrain, les ancêtres des bovins et des chevaux... Un spectacle éducatif conçu pour les maternelles et les primaires à partir d'une légende locale (Saint-Clément qui terrassa le dragon Graoully à Metz) leur donne à réfléchir sur les rapports homme/animal, sur la disparition des espèces et pourquoi l'homme décide qu'un animal est nuisible ou pas. Ce spectacle peut renvoyer aussi à l'exposition sur « Les habitants de nos maisons - invités ou clandestins - » qui tente de démystifier les animaux qui inspirent crainte ou répulsion.

Sur ce même thème, d'autres ont privilégié des espaces muséographiques insolites. Ainsi, le noctarium du Muséum de Besançon propose l'idée étonnante de « l'égout à rats » et présente une population de 200 rats s'affairant dans un égout ! Par une technique d'inversion jour/nuit (nuit artificielle pendant le jour naturel) on peut aussi y surveiller les animaux nocturnes des campagnes et des villes et surprendre des campagnols, mulots, muscardins, belettes, ou bien dans un grenier reconstitué, des loirs et lérots, ou encore, des souris grises dans une cuisine... Une muséographie adaptée accompagne le visiteur lui permettant d'observer des animaux qui vivent communément près de l'homme, mais qu'il connaît mal à cause de leurs mœurs nocturnes et de comparer ses propres performances aux leurs. C'est attractif et éducatif à la fois.
Même objectif pour le Microzoo de la Ménagerie du Jardin des Plantes, qui montre une microfaune que nous côtoyons tous les jours - les micro-organismes de nos maisons et de nos sols - et qui restent mal connus du fait de leur taille minuscule. Quelle surprise notamment de voir enfin à quoi ressemblent ces fameux acariens qui occupent nos lits ! Le

visiteur qui utilise différents matériels, comme la loupe binoculaire et le microscope, est guidé tout au long de sa démarche. Les groupes scolaires à partir de la sixième peuvent s'y rendre en visite libre mais aussi participer à un atelier-découverte. Encore une belle réussite de présentation pédagogique pour un sujet original.

- Le loup : sujet transversal et pluridisciplinaire

Le loup est un thème cher aux enfants comme aux adultes. C'est un sujet de choix pour les scolaires qui permet d'aborder la biologie, l'écologie, le rapport homme/animal, les mythes et les légendes... Par ailleurs, rares sont les parcs en France qui ne possèdent pas l'espèce et un certain nombre d'entre eux ont su développer autour de cet animal des animations originales, prétextes à une approche pluridisciplinaire et transversale du programme scolaire.
Ainsi, le parcours de la « Forêt aux p'tits loups » du parc de Courzieu dans le Rhône est réservé aux maternelles et a pour objectif de changer les représentations du loup en passant des fausses images du « loup des contes » à celles du loup réel. Ce parcours emprunte des chemins et des sentiers forestiers ponctués d'espaces-ateliers : espace motricité, espace conte, espace sensoriel (toucher, vision, ouie), espace didactique... Pour terminer les enfants se regroupent sur une plate-forme de la Vallée des loups où ils découvrent la meute constituée de 6 individus bien vivants. Les enseignants sont aidés dans la préparation de cette visite d'environ 1 heure 15mn par la remise d'un dossier pédagogique détaillé[81]. Ce programme, tout en faisant découvrir aux enfants des éléments de la biologie et des comportements du loup, permet surtout de débattre de l'image négative de ce prédateur et de faire émerger des émotions et des ressentis.

---

[81] Dossier pédagogique du parc « La Forêt aux petits Loups ».

D'autres parcs français utilisent le loup, notamment le parc animalier de Sainte-Croix (Moselle) qui propose dans le panel impressionnant de ses activités pédagogiques une animation-découverte « Sur les pas du loup » abordant, pour les plus de 6 ans, l'histoire de l'homme et du loup et la création des louveteries de Lorraine.
Le zoo de Mulhouse qui présente également un riche et très diversifié programme pédagogique, utilise le loup pour traiter entre autre de la domestication et faire le lien avec le chien.

- La ferme : le lieu préféré des petits

L'un des endroits préférés des petits dans un parc animalier (et probablement des plus adaptés) est évidemment la ferme. La première ferme pédagogique de France fut celle de Marcel Dhénin à Lille, en 1974. Depuis, ces espaces sont de plus en plus nombreux, permettant aux enfants de satisfaire leur besoin de contact avec l'animal et de satisfaire également différents objectifs pédagogiques :

- objectifs de connaissance (savoir) en permettant de percevoir et d'intégrer le vivant, les cycles biologiques, les relations d'interdépendance, la biodiversité, les espèces rares, les variétés, le comportement (animal et humain),
- objectifs méthodologiques (savoir-faire) en apprenant à prendre soin de l'animal, du végétal, de l'humain, à percevoir en utilisant tous ses sens, chercher, classer, comparer, analyser, repérer un problème, chercher des solutions,
- objectifs comportementaux (savoir-être) : être à l'écoute et respecter l'autre et l'animal, accepter la différence, avoir une attitude quotidienne responsable vis-à-vis de l'animal. Il est indispensable d'expliquer qu'il s'agit d'animaux domestiques et qu'une telle approche n'est pas pertinente avec des animaux sauvages. On peut aussi rétablir

la distance nécessaire, avec un animal sauvage qui suscite tant de convoitise.

Ainsi, la ferme du Parc de Sainte-Croix qui possède une étable, une porcherie, une bergerie, une basse-cour, présente plus de 25 races domestiques dont certaines en voie d'extinction. Ses objectifs sont de bien différencier animaux sauvages et animaux domestiques (notion qui n'est pas très claire pour les jeunes enfants), d'expliquer pourquoi l'homme a domestiqué des animaux et l'interdépendance homme/animal domestique. Un atelier-découverte complète cette visite en étudiant : lait, œufs, viande, céréales, pratiques d'élevage et de culture etc.
De même, le Parc de Lunaret à Montpellier possède une ferme permettant aux jeunes citadins de renouer avec le monde rural[82]. Elle accueille les primaires sur des stages de 3 jours et les maternelles pour des visites d'une demi-journée. Les enfants y découvrent les animaux (entretien et nourrissage), le jardinage et même l'initiation à l'apiculture. S'ajoutent à ce programme quelques activités complémentaires comme la découverte du milieu naturel (arbres, plantes, insectes), la transformation de produits avec la fabrication du pain, de bougies et la réalisation d'empreintes animales et végétales.
De nombreux enfants possèdent des animaux domestiques sans forcément prendre la mesure de leurs besoins et des soins qu'il est nécessaire de leur prodiguer. Considérant que ce pourrait être pour eux une motivation forte et impliquante, Wolgang Hasenstein (1989) a fait installer dans le cadre d'un zoo, un atelier de soins aux animaux, sorte

[82] http://www.ville-montpellier.fr/vmtm/
Voir à services urbains > Environnement > Sensibilisation > La ferme de Lunaret.

« d'école de soins » destinée aux enfants. Cet atelier a été développé en collaboration avec les écoles mais aussi avec les parents d'élèves puisque les enfants devaient venir accompagnés d'un parent une fois par semaine. L'objectif était aussi de déterminer quelles différences comportementales et relationnelles pouvaient exister entre enfants et adultes dans de telles activités. En plus du thème "soins aux animaux" qui était autant prétexte qu'enseignement central, cet atelier a permis d'aborder des questions touchant à l'interdépendance des espèces humaines et animales, aux bases d'éthologie et d'écologie... Hasenstein a dans ce cas, choisi de privilégier l'expérience pratique à l'approche théorique, tout en gardant des objectifs éducatifs. Les résultats très positifs en termes de réponses de motivations et d'apprentissages, démontrèrent par ailleurs que les réactions des enfants et des adultes placés dans de telles situations, sont très peu différentes...

- Le zoo à l'école ou l'école au zoo

Si les animateurs du Parc animalier de Sainte-Croix se déplacent dans les classes pour faire découvrir les animaux d'Europe à travers des contes pour les maternelles ou par une animation interactive pour les plus grands et que le zoo de Mulhouse s'est associé à une conteuse pour des « ateliers à l'école », rares sont les zoos qui vont au-devant du public.
Retenons cependant l'exemple du zoo d'Haïfa (Israël) qui a conçu une mini-exposition itinérante destinée aux primaires, intitulée « Micro Zoo Mobile » (Sivan, 1989 et 1992). Sur des panneaux d'exposition sont posées des questions concernant les animaux confiés aux soins des élèves pendant une semaine. Les panneaux dévoilés un à un chaque jour, donnent les réponses aux questions de la veille. Ce programme semble bien fonctionner car les élèves

manifestent une grande motivation et il répond aux demandes des enseignants.

Dans le même esprit, des zoos organisent des projets d'école sur le long terme. Ainsi l'association CAPYR[83] dans le parc animalier des Angles propose l'encadrement et la réalisation de projets pédagogiques sur une année, destinés aux scolaires de la région, autour de l'éducation à l'environnement et l'éco-citoyenneté.

- Une autre transposition originale : les classes-zoo

Parmi les parcs français dont l'offre pédagogique en direction des scolaires est particulièrement riche, citons encore le Zoorama Européen de la Forêt de Chizé, qui met son savoir-faire à la disposition des groupes en proposant des séjours sur mesure, sortes de classes de découvertes ou classes-zoo. De même, le parc animalier et botanique de Branféré dans le Morbihan organise des classes d'environnement, des séjours découvertes pour les scolaires[84].

Cet accueil permet des activités pédagogiques sur plusieurs jours et un encadrement important mobilisant toute une équipe : animateurs, soigneurs, techniciens, administratifs etc. La relative lourdeur d'une telle opération explique que malheureusement peu de grandes structures zoologiques la propose. Il faut le déplorer car ces séjours sont toujours des expériences très fortes pour les enfants qui garderont des souvenirs profonds de leurs activités tant sur le plan pédagogique que personnel.

---

[83] Connaissance des Animaux Pyrénéens. http://www.faune-pyreneenne.com/

[84] « Ecole de la biodiversité au parc de Branféré », programmes en direction des scolaires de l'Ecole Nicolas Hulot.

- Une autre façon d'aborder la visite scolaire au zoo : quelques exemples

Il est certain que les animaux exotiques, ou ayant une forte valeur symbolique, attirent prioritairement l'attention des élèves (Witte, 1990). Cependant, les zoos permettent aussi d'expliquer les comportements fondamentaux des animaux plus familiers. Forts de cette constatation, les responsables du zoo ont donc entrepris de développer un programme de visite permettant de concilier ces deux motivations. La visite commence donc par l'observation des comportements d'animaux exotiques. L'attention des enfants ayant été ainsi captée, on va ensuite rechercher et commenter ces comportements chez d'autres animaux plus courants. La visite, tout en répondant à la demande et aux envies des jeunes visiteurs, rebondira sur les objectifs éducatifs de l'enseignant. Cette forme de visite utilise la curiosité spontanée du jeune public pour l'amener à déplacer son intérêt vers des objectifs pédagogiques plus spécifiques.
Dans la même optique, le Zoo de Dortmund a mis en place un programme éducatif original à destination des jeunes enfants (Seger, 1990). Les éducateurs du zoo ont remarqué combien les jeunes enfants passaient de temps à observer et à commenter les animaux en train de déféquer ou d'uriner... Ils ont donc envisagé de développer un programme éducatif partant de ce centre d'intérêt pour les amener à poser des questions sur divers aspects de la vie animale, de la physiologie à l'éthologie. Tout d'abord un temps est consacré à noter les ressemblances et les différences entre animaux. À partir de ces observations, sont évoqués métabolisme, régime alimentaire, mode de vie et mouvement. Par la localisation des excréments, on aborde aussi les questions de territorialité et de sociabilité des divers groupes d'animaux. Enfin, on peut rebondir sur les comportements caractéristiques et des notions éthologiques plus larges. Ainsi,

partant d'un sujet qui amuse les enfants mais dont l'intérêt premier n'apparaît pas immédiatement aux enseignants, il est possible d'aborder la plupart des thèmes éducatifs par l'observation directe. On notera aussi que l'aspect tabou du sujet pimente la visite au regard des enfants !

Ne peut-on faire que de la biologie dans un zoo ?
Christopher Cheng (1990) raconte en effet la mise en place de la "Taronga's Math Trail", la piste des maths de Taronga (Sidney). Cette initiative est particulièrement originale par plusieurs aspects. L'idée, en effet, est d'utiliser le zoo comme cadre d'enseignement des mathématiques et ce, à destination d'un public de jeunes enfants (fin de primaire, début de secondaire). Cette idée, originale en soi, est due au fait que ce zoo était déjà le lieu d'enseignements variés, tels que, arts, anglais et sciences. Le choix a donc été de développer une série d'activités à dominante mathématique et de réaliser ainsi un parcours de visite. Autre originalité, pour la réalisation de ce parcours, il a été fait appel à des enfants ayant des facilités en mathématiques. Ils ont passé quelques jours dans le zoo pour repérer des activités et des questions mathématiques possibles, relatives à ce qu'ils pouvaient observer dans l'enceinte du zoo et c'est à partir de ces questions et observations que le personnel du zoo a mis au point la piste des maths de Taronga. Elle a été testée et, donnant des résultats satisfaisants, elle a été ouverte au public. Elle propose de nombreuses activités mathématiques : comptage des animaux et de leurs comportements, réalisation de graphes, repérage des formes géométriques des bâtiments, des symétries, calcul des vitesses de progression de certains animaux, mesure de l'aquarium et calcul de volume, travaux de conversion, etc. On voit donc ici que le zoo peut être utilisé comme lieu d'activités inattendues. Le fait d'impliquer des enfants dans la conception de ces activités permet de

prendre en compte les objets qui attirent spécifiquement leur attention et leurs centres d'intérêts.
Il serait possible de multiplier les exemples démontrant combien les établissements zoologiques sont de formidables outils culturels pour les scolaires. Mais a-t-on évalué l'efficacité des différentes méthodes pédagogiques proposées ?

3. Impact éducatif de la visite au zoo

Si certains zoos développent avec succès l'interactivité, les évaluations qui sont faites autour de ces expériences restent malheureusement incomplètes voire légères ou inexistantes. Le plus souvent ces évaluations sommaires correspondent à des enquêtes faites à la sortie du zoo ou au mieux de retour en classe, soit, quelques minutes ou quelques jours après la visite et sur des points spécifiques. Ces quelques évaluations à court terme ne mesurent pas l'effet en profondeur et sur la durée et donc ne renseignent pas vraiment sur la ré-appropriation des connaissances.
En France, sur les 178 parcs animaliers contactés par Sophie Grisolia (1996 et 2002), aucun n'a procédé de façon méthodique et rigoureuse à des évaluations et c'est sans doute la raison pour laquelle les écrits sont si rares... Les responsables éducatifs des établissements vérifient d'une façon informelle que les méthodes utilisées fonctionnent bien et les enseignants jugent à vue de l'utilité de la visite qu'ils viennent de faire avec leurs élèves...
Cependant Girault et Rukingama (1988) ont évalué l'impact des visites scolaires effectuées au parc zoologique de Paris. Partant du principe qu'il est important d'orienter le cadre de la visite scolaire sur un travail d'observation, ces auteurs ont souhaité évaluer le mode d'exploitation des données issues de l'observation. Après avoir initié les élèves à l'utilisation

d'un logiciel de traitement de données ils ont montré que par un travail ludique de classement, des élèves de CM1 et CE1 ont pu acquérir quelques éléments de la démarche scientifique (collecte de données, analyse et interprétation).
Plus récemment, Falk and Dierking (1992) ont fait des études évaluatives détaillées sur la valeur éducative des sorties scolaires en rapport à l'appropriation-incorporation des savoirs scientifiques. Ils insistent notamment sur la persistance du souvenir à long terme notant que 96% des sujets interrogés se souviennent d'une sortie scolaire, et que 77% de ceux-ci ont en mémoire un des thèmes de cette visite. Ils concluent que les sorties scolaires ont un impact sur toute la vie et que les apprentissages sont tout à fait significatifs : réinvestissement, meilleure maîtrise, élargissement des connaissances. Ces auteurs font une démonstration convaincante d'acquisition d'apprentissages profonds lors des sorties scolaires.
Par ailleurs, certaines expériences originales utilisent davantage le zoo pour aider les jeunes en échec scolaire. Dans ce domaine, des fermes pédagogiques spécialisées font un travail reconnu et efficace de prévention et réinsertion sociale en utilisant l'animal comme médiateur pour les enfants et les adolescents en difficulté.

Conclusion

Il est bien légitime pour les responsables de parcs animaliers de vouloir attirer un public nombreux, qu'il vienne en famille ou en groupe. Pour atteindre cet objectif, ils veillent prioritairement à rendre les présentations animalières attractives et à proposer des panneaux pédagogiques rendant la visite libre plus "constructive".
Par ailleurs, un nouveau discours émerge sur le rôle des zoos dans la protection des espèces menacées justifiant leur

existence auprès du public. D'autre part, nous avons vu que certains d'entre eux s'engagent réellement dans le développement d'actions pédagogiques en direction des scolaires : visites guidées thématiques, ateliers, animations... Il est vrai que l'implantation d'un service pédagogique est coûteuse ce qui explique sans doute que moins de 40% des établissements zoologiques français en possède un. Néanmoins, certains responsables ont su développer des activités avec peu de moyens. Malheureusement, nombreux sont encore les parcs qui considèrent l'accueil spécifique des scolaires comme une activité annexe. Pour preuve, les thématiques des colloques récents du SNDPZ (Nutrizoo (Besançon 1998), Zoogènes (Cherbourg), Zoosciences (Amiens 2000), Zoologis, Zooéthique (Villars les Dombes 2002)) montrent que la réflexion commune sur la pédagogie n'a pas été poursuivie depuis 1992. Toutefois, le rôle des zoos est d'éduquer, le public est demandeur - et notamment le public scolaire - et les effets sont positifs !
Nous avons voulu ici, attirer l'attention sur le potentiel considérable des parcs zoologiques en matière de pédagogie en direction des scolaires. Ce potentiel est à rapprocher très clairement de l'offre des musées qui ont sans nul doute de l'avance sur ce terrain fécond qu'est la diffusion des connaissances.

Bibliographie

Bluche F., (dir 1990) Dictionnaire Du Grand Siècle, article Ménagerie, Paris : Fayard, p. 1013.

Chavot P., (1995) Histoire des zoos, regard sur les fonctions d'éducation et de recherche de parc zoologique, *in* Musées et Recherche, Dijon : OCIM ed., pp. 71-80.

Cheng C., (1990) Taronga's Math Trail. Journal of the International Association of Zoo Educators, Number 23, pp. 16-18.

Cousin Davallon F., Davalon J., (1987) Du Musée au parc : Exposer le vivant, Loisir et Société, Vol. 10, n° 1, Presses Universitaires du Quebec, pp. 23-43.

Falk, J. H., and Dierking, L. D., (1992) The museum experience. Washington, DC: Whalesback Books.

Girault Y., Robinson ML., (1993) Contribution to the study of children's conceptions of reptiles, Journal of the International Association of Zoo Educators n°28, pp. 45-48.

Girault Y., (1988 a) Training sessions at the Zoological park of Paris. Journal of the International Association of Zoo Educators n°20, pp. 7-8.

Girault Y., (1988 b) New Look for the Zoo. International Zoo news, Camelford (Angleterre), n° 205, pp. 38-39 et n° 209, pp.25-26.

Girault Y., Ruckingama T., (1988 c) Evaluation de l'exploitation d'une visite au zoo par le traitement graphique. Les élèves et l'écriture en sciences, Aster n°6, INRP, Paris, 242 pp. 191-212.

Girault Y., (1987) Les parcs zoologiques, lieux privilégiés d'éducation populaire. *In* 5e rencontre Ecole et Nature : le milieu urbain GRAINE d'Ile-de-France, Marly-le-Roi, pp. 117-118.

Girault Y., (1986) Conception et évaluation d'une exposition. Feuilles d'épistémologie appliquée et de didactique des sciences. n° 8, 226 p, pp. 175-184.

Grisolia S., (1996) La muséologie du vivant : l'évolution des motivations de création et des principes muséologiques des ménageries et parcs zoologiques en France depuis la fin du 18e siècle. Mémoire de DEA de Muséologie, Muséum national d'Histoire naturelle.

Gutknecht P., (1975) Rapport sur la pédagogie "Zoo", présenté au Ministère de la Qualité de la Vie, 77 p., p 3.

Hasenstein W., (1989) The combination of zoo and pet-care schools - an approach to the integration of child and adult education. Zoo towards the year 2000, pp. 38-45.

Interzoo, (1979 à 1994), Revue du S.N.D.P.Z.

Laissus Y., Petter J-J., (1993) Les animaux du Muséum, Muséum National d'Histoire Naturelle/Paris : Imprimerie Nationale, 203 pp.

Loisel G., (1912) Histoire des Ménageries de l'Antiquité à nos jours, Paris : O. Doin et Fils éditeurs, 3 tomes, 1912.

Pedagozoo, (1992) Acte du colloque organisé au Zoorama européen de Chizé, SNDPZ.

Seger J., (1990) Ethology presented in a completely different way ! The end products of metabolic physiology, or, alternatively, something exotic to be seen in the daily life of the zoo. Journal of the International Association of Zoo Educators, Number 24, pp. 10-16.

Sivan P., (1992) Animals in the Classroom. Journal of the International Association of Zoo Educators, Number 25, p. 77.

Sivan P., (1989) Micro-Zoo Mobile : a travelling exhibit. Journal of the International Association of Zoo Educators, Number 21, pp. 84-86.

Witte G., (1990) Phaenomena - non-exotical ! Using the unusual behavior of zoo animals to increase visitor observation. Journal of the International Association of Zoo Educators, Number 24, pp. 3-9.

Van Praët M., (1989) Contradictions des Musées d'Histoire et évolution de leurs expositions, *in* Faire Voir / Faire Savoir, Quebec : Musée de la civilisation, pp. 25-34.

Des publics très différents

L'Education nationale un partenaire privilégié des institutions muséales scientifiques

Jeannine Geyssant[85]

Il existe à ce jour une très grande diversité de structures muséales scientifiques qui ont des relations avec l'Education nationale. On peut distinguer : 4 musées nationaux, la Cité des Sciences et de l'Industrie, 65 muséums en région, 94 musées mixtes, 9 musées universitaires, des musées du ministère de la culture dont une partie de leurs activités et de leurs collections concernent les Sciences de la Vie, de la Terre et de l'Homme, des musées gérés par des associations "Loi 1901", et enfin 35 Centres de culture scientifique, technique et industrielle (CCSTI)[86].
Outils pédagogiques "hors des murs de l'école", irremplaçables pour les enseignants, éléments importants d'acquisition de la culture pour les élèves, ces institutions muséales scientifiques sont des partenaires actifs du système éducatif. Les ministères de l'éducation nationale qui se sont succédés, conscients de cette richesse sous leur tutelle scientifique, ont mis en place différentes instances et pris des mesures pour favoriser la collaboration entre les institutions muséales scientifiques et le système éducatif.

---

[85] Jeannine Geyssant est Inspecteur général de l'Éducation nationale, chargée de la mission d'évaluer et de développer les relations entre les établissements d'enseignement et les institutions culturelles scientifiques.
[86] Pour plus d'informations à ce sujet se référer à l'article d'introduction de cet ouvrage.

1. Les enseignants, acteurs des services éducatifs des musées scientifiques

Pour assumer leur mission éducative auprès des jeunes, de nombreuses institutions culturelles scientifiques ont mis en place un service éducatif. Son rôle et ses moyens sont précisés dans une circulaire ministérielle de 1993 (n°93-142)[87] :

> « ... *Placé sous la responsabilité du chef de l'institution culturelle, le service éducatif est un des secteurs du service culturel. Il associe dans une démarche contractuelle des personnels de l'Etat, des collectivités territoriales, du secteur associatif ou tout autre partenaire culturel local. Il est le lien permanent et privilégié entre le système éducatif et l'institution culturelle...* »

1.1. Statut et position des enseignants travaillant au sein des services éducatifs

Des enseignants du second degré agrégés (PRAG) ou certifiés (PRCE), et des professeurs des écoles peuvent être affectés à temps plein au service éducatif d'une institution muséale relevant de l'enseignement supérieur, comme le Muséum national d'Histoire naturelle ou le Musée des Arts et Métiers.

Mais plus généralement ces services éducatifs bénéficient de la présence pour quelques heures par semaine, d'enseignants d'écoles, de collèges ou de lycées qui, tout en poursuivant

---

[87] Circulaire n° 93-142, 3 mars 1993, *Les services éducatifs au sein des institutions culturelles placées sous le contrôle ou la tutelle du ministère de l'éducation nationale et de la culture.* Le B.O., n°10, 11 mars 1993.

leur activité normale d'enseignement, assurent le rôle de professeurs-relais entre l'institution muséale et les enseignants.

> *« Les services de l'Education nationale contribuent (au fonctionnement du service éducatif) en accordant, à un ou plusieurs enseignants, des heures hebdomadaires de décharge de service. Les heures sont accordées par le recteur au vu du projet présenté par le chef de l'institution culturelle, formalisé en une convention.*
> *Ces personnels sont désignés annuellement par le recteur, en accord avec l'inspecteur d'académie pour les personnels du premier degré, en concertation, avec le directeur régional des Affaires culturelles et en liaison avec le chef de l'établissement culturel, sur proposition de l'inspecteur pédagogique régional compétent, ou du responsable pour l'action culturelle auprès du recteur.* « circulaire ministérielle de 1993 (n° 93-142) :

Dans la plupart des musées, les enseignants sont détachés auprès des services éducatifs pour quelques heures qu'ils effectuent en décharge de service dans leur établissement d'enseignement, mais le plus souvent en heures supplémentaires effectives (HSE).

Le nombre de professeurs-relais détachés auprès d'une institution muséale scientifique varie de un à quatre. Au Muséum national d'Histoire naturelle et au Musée des Arts et Métiers, aux côtés de ces enseignants à temps partiel, sont présents des professeurs du second degré, affectés à plein temps en qualité de PRAG ou PRCE. A la Cité des Sciences et de l'Industrie (la Villette), une cinquantaine d'enseignants des premier et second degrés sont mis à disposition à plein temps, pour une durée limitée mais leur traitement est reversé au Ministère de l'Education Nationale par l'institution culturelle.

La contribution individuelle de ces enseignants détachés, varie de 1H30 à 6H (voire 8H) ce qui correspond à une durée double de présence au sein des musées (3H à 12H), soit 1/2 journée à 2 journées. Le nombre total d'HSE attribué à un service éducatif dépend des musées et des académies. Il peut aller de 3 à 17H.

La majorité des enseignants détachés dans des muséums d'histoire naturelle sont des enseignants de Sciences de la Vie et de la Terre et cela se conçoit aisément, mais lorsque plusieurs sont affectés à un même service éducatif, ils peuvent appartenir à l'enseignement du premier degré ou à d'autres disciplines (physique / chimie, histoire / géographie, technologie, lettres, arts plastiques...). Cette pluralité permet des interventions complémentaires au sein du service éducatif et favorise l'approche pluridisciplinaire du musée par les enseignants et leurs élèves.

La plupart travaillent dans un même musée depuis plusieurs années ce qui leur permet une action éducative cohérente, progressive et programmée à long terme et ce qui compense le temps très partiel qui leur est alloué. Cette fidélité témoigne également d'une bonne entente au sein du service éducatif et avec l'équipe permanente du musée.

1.2. Activités des enseignants travaillant au sein des services éducatifs

Les enseignants détachés sont les intermédiaires permanents entre les musées, leurs conservateurs et leur personnel d'une part, et les enseignants d'autre part (Geyssant, 1999). Ils sont qualifiés de "professeurs-relais". Au sein du musée, ils font partie du service éducatif où ils coopèrent avec d'autres personnes travaillant en permanence ou temporairement au musée. Ils constituent parfois l'essentiel du service éducatif. A côté de cette activité muséale, ils enseignent dans les écoles, les collèges ou les lycées. Leur spécificité réside dans cette double fonction d'enseignant dans un service éducatif muséal et d'enseignant au sein d'un établissement. Ils ont leurs propres élèves, connaissent les pratiques pédagogiques, les programmes et savent comment préparer les visites, les conduire et les exploiter ensuite. Intégrés à la vie de leur établissement, ils sont en contact avec d'autres enseignants. Ils mettent ainsi leur compétence éducative et leur connaissance du milieu scolaire à la disposition du service éducatif muséal dont ils peuvent orienter les actions.

Les professeurs-relais reçoivent les enseignants pour les aider à préparer leur visite ou pour leur présenter des séances d'animation. Ils jouent le rôle de formateurs vis-à-vis de leurs collègues. Ils les sensibilisent à mieux exploiter les ressources des musées et à les intégrer dans des projets pédagogiques. Ils leur rappellent comment effectuer des repérages pour articuler leur visite à un travail de classe en amont et en aval. Mais ils leur montrent aussi comment permettre qu'une visite apporte sa part de découverte qui sera différente pour chaque élève. Ils leur font comprendre que faire des sciences dans les musées, c'est en favoriser d'autres approches et donner aux jeunes, une dimension de culture scientifique et technique plus large que celle qu'ils peuvent recevoir dans une classe. Les informations obtenues auprès des professeurs-relais permettent à ces enseignants d'appréhender leurs visites futures, avec une meilleure connaissance des expositions sur lesquelles ils n'auraient pas eu le temps, ni la documentation nécessaire pour mener les recherches eux-mêmes. Ils peuvent être accueillis soit pour une découverte générale du musée, soit pour approfondir un thème particulier. Un calendrier des thèmes susceptibles de les intéresser pour leur enseignement est établi au début de l'année. A chaque séance, les participants reçoivent un dossier de fiches pédagogiques et documentaires. La découverte des expositions par les élèves, sous la conduite de leurs professeurs habituels qui les ont préparées, est beaucoup plus enrichissante pour ces jeunes.

Le rôle de formateur des enseignants des services éducatifs peut s'exercer à différents niveaux : en formation initiale dans les IUFM[88], dans le cadre d'un module "Utilisation des musées scientifiques". Cette relation musées-IUFM est présente dans plusieurs musées (Muséum national d'Histoire naturelle, Muséums d'Histoire naturelle de Lille, d'Orléans, Aquarium du MAAO...). Les professeurs-relais participent également à des stages de formation continue, dans le cadre de plan académique de formation, pour des enseignants déjà en activité. Citons par exemple dans l'académie d'Amiens, "Musées scientifiques et techniques : Mode d'emploi" ou encore "Théorie de l'évolution : la galerie du Muséum".

Lors de leurs visites d'exposition, certains enseignants accompagnés de leur classe, préfèrent faire appel à la compétence d'un expert du musée. La présence hebdomadaire des professeurs-relais dans le musée est en général trop brève pour qu'ils prennent en charge les classes qui visitent les expositions. C'est le rôle des animateurs et des guides-conférenciers de l'institution muséale. Mais les professeurs-relais ont participé à la conception de ces visites et à la définition de leur contenu. Aux côtés des animateurs, ils ont expérimenté eux-mêmes sur quelques classes la présentation de ces visites afin de bien les adapter à leur

---

[88] Institut Universitaire de Formation des Maîtres

public scolaire (exemple de cette pratique au Centre historique minier de Lewarde).

Tous les professeurs-relais conçoivent et réalisent de nombreux documents pédagogiques à l'usage des enseignants et à l'usage des élèves, permettant un travail interactif des enseignants avec leur classe. Ces dossiers représentent une part importante de la mémoire du service éducatif. Ils évoluent dans le temps et par exemple, au muséum d'Orléans, on peut suivre leur transformation et leur adaptation aux connaissances scientifiques et à l'évolution de la didactique.

Les professeurs-relais participent à la conception et la mise au point de matériels pédagogiques à exporter hors du musée. Citons quelques exemples : mallette pédagogique sur "l'évolution des Hominidés et de leurs industries", au musée de Tautavel ; valise pédagogique sur "découverte des ammonites", au muséum d'Orléans ; série de 12 diapositives avec commentaires sur "les gisements houillers de France", sur "différents fossiles pour rendre vie à un végétal", "les trois âges de la mine", au Centre historique minier de Lewarde.

Les enseignants-relais peuvent aider les élèves des classes préparatoires aux grandes écoles, à la recherche documentaire pour les Travaux d'initiative personnelle encadrés (TIPE) et pour les Travaux personnels encadrés (TPE) mis en place en classes de première et de terminale.

Pour les TIPE de 1999-2000 dont les thèmes étaient donnés dans l'arrêté du 17.3.1999, le recours aux musées et expositions était clairement rappelé :

> « *L'étudiant utilise pour ces travaux les diverses ressources scientifiques disponibles et facilement*

accessibles (centres de documentation et d'information, muséums, expositions...) ».[89]

Intégrés au sein de l'équipe muséale, les professeurs-relais participent souvent à la conception d'expositions temporaires.

1.3. Caractéristiques professionnelles des professeurs-relais et reconnaissance de leur activité

L'engagement des professeurs-relais dans les muséums représente pour eux un surcroît de travail et il n'est pas toujours facile de trouver des volontaires pour l'accomplir. Ceux qui acceptent de s'engager dans ce rôle de professeurs-relais témoignent d'un désir de se cultiver dans le domaine scientifique au contact des spécialistes et des chercheurs qui travaillent dans les muséums. Ils souhaitent également faire bénéficier les autres enseignants et leurs élèves des possiblités offertes par ces muséums, véritables lieux-ressources pour leur enseignement. Ils désirent aussi leur montrer comment faire naître chez les enfants et les adolescents un désir de pratique culturelle scientifique et leur faciliter l'accès à des domaines qui pourraient leur sembler arides ou réservés à une élite (Geyssant, 1999, 2000).

Ces caractéristiques professionnelles (ouverture d'esprit, curiosité intellectuelle, désir d'enrichir sa culture scientifique, dynamisme, dévouement...) que l'on retrouve chez l'ensemble des professeurs-relais méritent d'être signalées. La circulaire ministérielle n° 93-142 précise : "*il est nécessaire*

---

[89] Arrêté du 17-3-1999, *Thèmes des travaux d'initiative personnelle encadrés dans certaines CPGE -année 1999-2000*. Le B.O., n°14, 8 avril 1999.

que l'action conduite par les enseignants au sein du service éducatif [des institutions culturelles] soit prise en compte par les corps d'inspection."

2. Les cellules académiques d'action culturelle (CAAC)

Au sein de chaque académie, une cellule d'action culturelle, placée sous l'autorité du Recteur, est chargée de la mise en oeuvre de l'ouverture culturelle des enseignements. Elle joue un rôle important dans la liaison entre les enseignants et les institutions culturelles.

2.1. Organisation et fonctionnement des CAAC

Ces cellules d'action culturelle présentent une grande diversité d'organisation et de fonctionnement suivant les académies (Geyssant 1999).
Elles sont dirigées par un Inspecteur d'Académie-Inspecteur pédagogique régional (IA-IPR) (ex. Lille, Orléans, Rennes...) ou par un conseiller du Recteur (ex. Aix-Marseille, Versailles) ou encore par un proviseur "vie scolaire" (ex. Nancy). Elles portent le nom de "cellule", "commission", "mission", "cellule vie scolaire" ou simplement "Action culturelle".

Elles peuvent être très structurées comme l'est la Commission académique d'action culturelle de Lille dont le responsable est un IA-IPR secondé par un conseil de direction comportant des représentants du monde éducatif de l'académie (IA-DSDEN des deux départements, Directeur de l'IUFM, Directeur du CRDP...). Les domaines d'intervention de cette commission sont répartis sur plusieurs commissions

spécifiques, animées chacune par un IA-IPR de la spécialité, assisté de quelques enseignants.
D'autres CAAC ont une organisation assez comparable mais avec un conseil de direction plus réduit. C'est le cas de l'Action culturelle d'Orléans-Tours dirigée par une IA-IPR qui est également déléguée académique aux relations internationales et à la coopération. Elle est secondée à l'Action culturelle par un adjoint qui travaille aussi en qualité de délégué à la Direction Régionale des Affaires Culturelles (DRAC). Un Inspecteur d'Académie est chargé de mission de l'Action culturelle pour chacun des six départements de l'académie. Des enseignants sont coordonnateurs dans les différents champs disciplinaires. L'Action culturelle de Rennes a une structure voisine : à sa direction un IA-IPR et une chargée de mission, ils sont aidés pour l'ensemble de leurs actions par des enseignants et non par des IA (une équipe conceptrice des "expo-guides" ; des enseignants coordonnateurs dans les différents champs disciplinaires et pour les différentes actions menées dans les quatre départements de l'académie).

L'Académie de Paris a mis en place, à côté de la Délégation académique aux arts et à la culture, un Conseil scientifique et technique, composé de personnalités scientifiques, de responsables de grandes institutions muséales et de représentants des corps d'inspection pour évaluer les actions engagées et pour assister le Recteur dans la mise en œuvre de nouvelles opérations dans le domaine de l'éducation à la culture scientifique et technique.

2.2. Champ d'intervention et moyens d'action des CAAC

Le champ d'intervention des CAAC est très large. Il peut concerner : théâtre, opéra, danse, musique et chant choral, cinéma et audiovisuel, écriture-lecture-livres, arts plastiques, arts appliqués, art contemporain, archives, informatique et communication, patrimoine, éducation à l'environnement, culture scientifique et technique. La collaboration entre institutions muséales scientifiques et enseignement s'inscrit dans les domaines "culture scientifique et technique", "éducation à l'environnement" et "patrimoine".

Les moyens dont disposent les CAAC pour développer les actions dans le domaine culturel scientifique sont variés :
- soutien financier pour des ateliers de pratique scientifique, technique, et pour aider des projets scientifiques et des actions inscrites dans les programmes académiques d'action culturelle,
- attribution d'heures de décharge de service ou d'heures supplémentaires aux enseignants animant les ateliers de pratique scientifique et aux professeurs-relais intervenant dans les institutions muséales scientifiques.

Les soutiens financiers et les heures attribués aux académies par le Ministère dépendent du nombre d'élèves et de l'importance des activités culturelles de ces académies. La ventilation des moyens par académie a fait récemment, l'objet d'un contrôle et d'un rééquilibrage par la Direction de l'Enseignement Scolaire (DESCO) du Ministère de l'Education Nationale, pour tenir compte de ces critères. Dans quelques académies, des aides complémentaires ont été accordées par le Recteur pour soutenir quelques actions. Les moyens sont répartis par les CAAC dans des proportions variables entre les différentes actions culturelles. Plus de 120 institutions muséales scientifiques, incluant les musées de la Préhistoire, les parcs régionaux et les écomusées, bénéficient de la présence de professeurs-relais mais pour une à deux heures par semaine, pour le tiers d'entre elles. La moyenne nationale des heures attribuées aux institutions muséales scientifiques ne représente que de 2,5% de la dotation horaire des CAAC. Cette proportion varie d'ailleurs suivant les académies. Dans l'ensemble le soutien apporté aux institutions muséales scientifiques est trois fois moins important que l'aide accordée aux musées artistiques.

Certaines CAAC organisent chaque année, une ou plusieurs journée consacrées au développement de la culture scientifique et technique, en faisant appel à des scientifiques de renom et réunissant les enseignants de sciences et les partenaires associés aux différents projets scientifiques et techniques.

La relation entre Rectorat et institutions muséales scientifiques est formalisée, ainsi que le préconise la circulaire ministérielle n° 93-142, par une convention qui définit les engagements réciproques des partenaires pour une meilleure collaboration. Certaines académies comme celles de Nantes et de Poitiers ont signé des chartes de partenariat d'une portée générale entre rectorat et services éducatifs des musées. L'académie de Paris personnalise des conventions adaptées à chacun des partenaires culturels (Cité des Sciences et de l'Industrie de la Villette, Musée du Louvre, Opéra, Aquarium du MAAO, Muséum national d'Histoire naturelle, Palais de la Découverte...). L'académie de Lille a élaboré une charte pour l'éducation à l'environnement dont les signataires sont les collectivités territoriales, les établissements publics, les préfectures et des institutions muséales scientifiques.

Les CAAC évaluent l'action des professeurs-relais qui leur adressent chaque année, un bilan de leurs activités au sein de l'institution muséale.

Des réunions annuelles de concertation entre tous les professeurs-relais des services éducatifs d'une même académie, et les responsables des CAAC sont organisées, dans certaines académies, par exemple celle de Nancy-Metz ou celle de Créteil.

2.3. Diffusion par les CAAC et les ministères, de l'information auprès des établissements d'enseignement

Il existe une diffusion de l'information par des plaquettes, des brochures et des jounaux adressés aux chefs d'établissement et aux différents centres de documentation (Geyssant, 1999).

Citons quelques exemples :

- "*Liaisons*", Bulletin semestriel d'information de l'Action Culturelle, trait d'union entre les enseignants de l'Académie de Créteil et les partenaires culturels.
- Le "*Guide des Services éducatifs des Musées de la Région Centre*", destiné au public scolaire, publié en 1997, par l'Association des Conservateurs des musées de la région Centre avec le soutien entre autres, du Recteur, de la CAAC, de la DRAC.
- Un autre guide : *"Patrimoine culturel des Hauts-de-Seine. Parcs et jardins. Demeures et musées. Sites scientifiques"* publié en 1998, par le CDDP 92 et l'Inspection académique des Hauts-de-Seine s'adresse aux jeunes de 5 à 11 ans.
- Et l'incontournable guide publié en 1996, par l'OCIM (Office de Coopération et d'Information muséographique, qui est un service des ministères de l'Education nationale et de la Recherche), *"Les muséums de France et les musées de l'Education nationale"*.

A cette diffusion traditionnelle, s'ajoute maintenant une diffusion plus complète et réactualisée très fréquemment, par l'utilisation du web, à partir des serveurs académiques.

3. Les enseignants et leurs élèves dans les institutions muséales scientifiques

Les sorties dans les institutions muséales scientifiques sont décidées par les enseignants quand les expositions qu'elles présentent ont trait à une partie du programme des sciences (Geyssant, 1999, 2000, 2002). Mais ces expositions ne sont jamais calquées sur les programmes scolaires, elles offrent une approche différente et plus diversifiée des thèmes présentés. Les enseignants sont conscients de l'enrichissement culturel qu'elles apportent.

Ces sorties doivent faire l'objet d'une préparation en classe, les élèves travaillent ensuite dans les musées, souvent en petits groupes, font des observations et exploitent ces données dans les cours qui suivent. Les élèves découvrent lors de ces sorties des lieux qui les mettent en situation d'observer, d'expérimenter, de raisonner, de formuler des hypothèses, de poser des questions, de suggérer des réponses. Ces visites sont aussi pour eux l'occasion d'un éveil des émotions et d'une découverte esthétique de la nature ou des œuvres de l'homme.

Ces visites concernent aussi bien les élèves en difficulté qu'elles peuvent motiver en éveillant leur curiosité, que ceux déjà intéressés ou passionnés, qui souhaitent dépasser le cadre de l'enseignement scolaire. Quelques enseignants organisent ces sorties dans le cadre de parcours diversifiés ou d'ateliers scientifiques.

Les visites s'effectuent soit pendant les heures de cours et travaux pratiques, en "empruntant" des heures à des collègues, qui sont rendues ensuite, soit en utilisant des journées sans enseignement. Lorsqu'elles s'effectuent dans le cadre de "voyages scolaires", les exploitations des sorties sont pluridisciplinaires. Elles peuvent l'être aussi pour la visite ponctuelle d'un musée scientifique.

Les enseignants et leurs classes qui visitent les musées peuvent choisir entre différentes formes d'aide et d'accompagnement de la part des services éducatifs. Elles peuvent aller de formules très souples à des activités beaucoup plus structurées :

- visites libres, sans guide ni encadrement du personnel du musée. Les enseignants préparent ces visites en prenant contact au préalable avec le service éducatif.
- visites guidées de l'ensemble des expositions permanentes ou temporaires.
- ateliers où les participants observent et utilisent des échantillons de collection, réalisent des manipulations, travaillent sur du matériel de laboratoire pour accéder à une démarche scientifique et à l'approche de thèmes actuels de recherche.
- formation des enseignants pour les aider à préparer et exploiter leurs visites.

Ces différentes formules sont déclinées de façons différentes par les musées suivant les moyens dont ils disposent.
Quelle que soit la forme de la visite choisie, les enseignants sont toujours responsables de leur classe et participent à l'exploitation des expositions ou aux ateliers en les adaptant aux objectifs des programmes nationaux. Les enseignants ne doivent pas se considérer en "congé temporaire" de leur fonction lorsqu'ils sont dans les musées et encore moins s'absenter en confiant leur classe au personnel des musées.

La plupart des enseignants sont convaincus de la valeur de cet enseignement "hors des murs de l'école" et de l'intérêt culturel scientifique et pédagogique de la collaboration avec les institutions muséales scientifiques. Ils remarquent que les compétences des élèves s'expriment différemment au cours de ces sorties muséales qui sont souvent sources de motivation. Ils sont également conscients de l'intérêt relationnel de ces sorties qui contribuent à améliorer les

relations aussi bien entre enseignants et élèves qu'entre élèves eux-mêmes.
Ces institutions muséales scientifiques qui font appel pour préparer leurs expositions, pour animer leurs conférences-débats et pour les conseiller, à des personnalités reconnues (universitaires, chercheurs, spécialistes), contribuent également à la formation continue des enseignants.
Cependant certains enseignants sont inquiets face aux difficultés administratives et financières qui entravent les sorties dans les musées. Dans ces domaines les choses évoluent. Le problème des sorties scolaires a été clarifié par des circulaires et publications parues récemment :
- Circulaire n°99-136 de 1999 "Organisation des sorties scolaires dans les écoles maternelles et élémentaires publiques"[90].
- "Guide juridique du chef d'établissement", MENRT, D.A.J., 1999 (Linton 1999).
- Circulaire n°2001-007 de 2001[91] qui rappelle les nouvelles dispositions pénales (loi 2000-647) du 10 juillet 2000 précisant la définition des délits non intentionnels et devrait répondre aux inquiétudes des chefs d'établissement et des enseignants face à leurs responsabilités civiles et juridiques en cas d'accidents.

Quant aux difficultés financières, on peut espérer qu'elles vont s'atténuer avec la loi relative aux musées de France[92]

---

[90] Circulaire n°99-136, 21 septembre 1999, *Organisation des sorties scolaires dans les écoles maternelles et élémentaires publiques.* Le B.O., h.s. n°7, 23 septembre 1999.

[91] Circulaire n°2001-007, 8 janvier 2001, *Organisation des travaux personnels encadrés et questions de responsabilité.* Le B.O., n°2, 11 janvier 2001.

[92] Loi n° 2002-5, 4 janvier 2002, relative aux musées de France. Journal officiel de la République française, Paris, 5-6-2002.

qui instaure l'exonération du droit d'entrée donnant accès aux collections permanentes des musées de France appartenant à l'Etat, pour les jeunes jusqu'à dix-huit ans. Dans les musées en région, municipaux ou départementaux, l'entrée pour les scolaires est souvent gratuite ou d'un tarif peu élevé.

Pour conclure, il est bon de rappeler que le développement harmonieux des collaborations entre les institutions muséales scientifiques et le monde éducatif suppose le respect des missions respectives des uns et des autres. Les musées scientifiques ont leur spécificité propre, leurs missions sont multiples (conservation, recherche, diffusion des connaissances). La diffusion des connaissances qu'ils assument n'est pas uniquement destinée aux scolaires mais à tout citoyen soucieux d'enrichir, de réactualiser et de diversifier sa culture scientifique. Certains directeurs de musée sont inquiets de voir leur établissement *« s'éloigner du public adulte pour devenir des lieux de fréquentation exclusivement scolaires"* et craignent qu'ils n'acquièrent *"le seul et banal rôle de l'enseignement scolaire »* (Pinna,1999). Pour les rassurer, il n'est que de constater que le public scolaire ne représente jamais plus de 50% de la fréquentation totale des musées et que ces scolaires sont les citoyens de demain qui reviendront aux musées si on leur en montre le chemin et si on leur apprend à les aimer.

Bibliographie

Association des conservateurs des musées de la région Centre, (1997), Guide des services éducatifs des musées de la région Centre. Orléans, 88 p.

CDDP 92 et Inspection académique des Hauts-de-Seine, (1998), Patrimoine culturel des Hauts-de-Seine. Parcs et jardins. Demeures et musées. Sites scientifiques. 101 p.

Denis-Linton M. (dir.), (1999), Guide juridique du chef d'établissement, Direction des affaires juridiques. Ministère de l'éducation nationale, de la recherche et de la technologie, Paris, 333 p.

Geyssant, J., (2002), Institutions muséales scientifiques et système éducatif. La Lettre de l'OCIM, Dijon, n°80, 12 p.

Geyssant, J., (2000), Musées scientifiques, enseignement et public scolaire. ICOM Nathist, 5 p.

Geyssant, J., (1999), Collaboration entre les établissements d'enseignement et les institutions muséales scientifiques. Rapport IGEN, MENRT, n°99-005, 51 p.

OCIM (Office de Coopération et d'Information Muséographique), (1996), Les muséums de France et les musées de l'Education nationale. Dijon, 192 p.

Pinna, G., (1999) Sur le rôle social des Muséums d'Histoire naturelle. ICOM, Cahiers d'étude, Paris, 7, 3 p.

Visite scolaire au musée : représentations d'enseignants en formation initiale en France et au Québec

Cora Cohen[93]

La relation entre l'Ecole et le Musée est le fruit d'une histoire récente (Cohen, Girault, 1999). Les acteurs scolaires ont un rôle important dans cette rencontre entre l'élève et l'espace muséal. En effet, pour certains enfants, seule l'Ecole va leur permettre de pénétrer dans ces lieux culturels. Pourtant quels sont les moyens proposés aux enseignants pour les aider à construire ce moment ? Quelle formation initiale spécifique leur est proposée pour aider leurs élèves, non pas uniquement à entrer physiquement dans les musées mais à se saisir des expositions, et à en comprendre l'intérêt dans le cadre de leur formation et de leur auto-formation future ? Aujourd'hui, les expositions scientifiques ont changé[94]. Quelles sont les représentations que les enseignants en ont ? Les nouveaux enseignants entrent dans leur profession souvent avec comme seules expériences muséales liées à l'Ecole le souvenir de celles qu'ils ont vécues étant eux-même élèves. Dans ce cadre, comment peuvent-ils aujourd'hui participer à la formation de « l'élève-visiteur », et donc dépasser le simple déplacement d'une classe au musée ? Toutes ces questions sont essentielles à se poser pour repenser la formation initiale et continue des enseignants.

---

[93]Cora Cohen Unité scientifique du Muséum Muséologie et Médiation des sciences. A ce jour, équipe THEODILE, Théories - Didactique de la Lecture - Ecriture (EA 1764) à l'Université Lille 3.

[94] Cf. dans le même ouvrage, l'article de Girault Y. « Le musée de science : d'un parti pris épistémologique à la prise en compte des publics ».

1. Etat des recherches

Quelques études ont été réalisées sur les pratiques et les représentations des enseignants concernant leurs sorties au musée. Nous n'avons pas la prétention d'en faire une présentation exhaustive, mais nous avons choisi de présenter les études qui nous semblaient importantes dans ce champ[95].

La première grande étude sur les sorties scolaires en général que nous avons recensée en France, date de 1989 et a été réalisée par une équipe de l'Institut National de Recherche Pédagogique (INRP) (Gonin-Bolo et *al.,* 1989). Une enquête a été menée auprès de 413 enseignants en 1986-1987 à la direction de programme « Études et Recherches sur les enseignements technologiques » dans le cadre d'une recherche sur les moyens de diffusion de la culture technique et scientifique. Cette étude était ciblée sur les sorties scolaires à caractère technique, dans les lycées professionnels. La méthodologie employée était organisée selon deux temps : le premier, basé sur un entretien direct (N=413) rapide (5 à 10 minutes) sur la réalisation de sorties scolaires par les enseignants et les raisons de ces choix ; dans un deuxième temps, 54 volontaires ont répondu à des entretiens semi-directifs (20 minutes à une heure). Là, différents points étaient abordés : leurs attentes, le déroulement des sorties (préparation, exploitation, évaluation), leurs motivations, ou encore les problèmes rencontrés. Les résultats de cette étude montrent que les enseignants d'enseignement général et les professeurs d'enseignement professionnel n'ont pas le même type d'attitudes face aux sorties scolaires. Pour les premiers, les

---

[95] D'autres études ont été réalisées, mais compte tenu du nombre très faible d'enseignants étudiés, nous ne les avons pas retenues (citons pour exemple Poirey, 1998).

objectifs des sorties sont les suivants : pédagogiques, relationnels, culturels et de détente, pour les seconds, les deux premiers objectifs cités plus haut sont évoqués ainsi que des objectifs d'information technique, et socioprofessionnels. Les difficultés évoquées par les enseignants quant à l'organisation de sorties scolaires sont (par ordre d'importance) : le transport, les problèmes d'emploi du temps, l'inquiétude de « perdre du temps » par rapport au programme scolaire, la masse de travail pour l'organisation de la sortie, la difficulté d'être accueilli avec une classe, le manque d'information, l'indisciplinarité des sorties, et l'administration[96]. Quant à la préparation, au déroulement, et à l'exploitation des sorties, il existe une grande variété de réponses. Il est intéressant de pointer les raisons liées au refus d'organiser des sorties scolaires : inutilité de la sortie, nécessité pour l'enseignant de donner des connaissances solides (donc préférence du cours traditionnel), trop d'investissement de la part de l'enseignant pour peu de reconnaissance. Par rapport à une population particulière (professeur de lycée), cette étude a donc permis de dégager certains éléments quant à l'attitude des enseignants face aux sorties scolaires en règle générale.

Une étude plus spécifique a été réalisée sur l'image de la Cité des Sciences et de l'Industrie chez les enseignants du primaire (Eidelman et Peignoux, 1993). Les résultats de cette recherche peuvent sûrement être appliqués à d'autres musées. Cette recherche est divisée en six parties : l'étude de l'établissement, des conditions de la pratique pédagogique et de leurs incidences sur les sorties scolaires ; l'étude du

---

[96] Notons que les difficultés logistiques évoquées ici ne sont pas spécifiques à la France, en effet nous retrouvons les mêmes résultats dans une étude réalisée aux Etats-Unis (Stone, 1992) sur une base de 525 questionnaires, étude citée par (Sode Funch, 1997).

contexte local et l'ouverture à l'environnement non-scolaire ; les freins, les soutiens et les obstacles à la sortie scolaire au musée ; les expériences concrètes de visite ; les figures tangibles du partenariat École-Musée ; et la demande enseignante liée à la vision utopique de ce partenariat. Cette recherche a été réalisée sur 10 établissements (Paris, petite et grande couronne), soit une soixantaine d'entretiens semi-directifs réalisés avec des enseignants et des directeurs d'écoles primaires. Nous exposerons ici les tendances de différents résultats. Des dispositions ministérielles (projet d'établissement, découpage en cycle ou même l'instauration de Zone d'Education Prioritaire - ZEP) ont permis, d'une certaine façon, l'émergence d'un contexte plus convivial dans l'exercice du métier d'enseignant. Le travail en équipe développé dans ce nouveau cadre renouvelle les représentations de la pratique de l'enseignant où ce dernier *« ne se reconnaît plus comme omniscient »* (Eidelman et Peignoux, 1995). Quant aux objectifs principaux des sorties, développés lors des entretiens, ils s'organisent autour de trois axes : enrichir le quotidien, socialiser, et acculturer. Les éléments facilitant l'organisation de la visite sont d'ordres différents : les incitations politiques comme, par exemple, la présence d'interlocuteur privilégié (coordinateur de la Zone d'Education Prioritaire) ou encore le financement de cars par la municipalité, le rôle des parents (financiers et accompagnateurs), ainsi que la présence et l'organisation de l'équipe enseignante. Les freins repérés dans les représentations que les enseignants ont de la sortie scolaire sont liés à des pratiques antérieures ou à des expériences rapportées.

> *« Issu d'une analyse objective ou subjective de diverses situations, le répertoire des représentations s'organise autour de différents thèmes : la découverte de l'inconnu, l'adéquation entre l'offre de sortie et la définition du public, les dispositifs d'information, les*

conditions matérielles (transports, coût financier, réservations, accompagnateur), et la formation initiale de l'enseignant » (Eidelman et Peignoux, 1995).

Une autre étude a été réalisée dans le cadre d'une évaluation d'audience du projet « d'Observatoire de la Terre » à St Maur. Dans ce cadre, une enquête par sondage auprès d'un échantillon de 400 personnes a été réalisée (publics avertis, scolaires et de proximité), ainsi que des tables rondes auprès d'enseignants d'écoles élémentaires, de collèges et de lycées du Val-de-Marne (Eidelman et Peignoux, 1997)[97], ; là, des différences entre enseignants de divers niveaux viennent enrichir les résultats de l'étude exposée plus haut.

Une approche évaluative du musée pyrénéen de Lourdes a été réalisée dans le cadre d'un développement d'un partenariat avec les scolaires. Elle se base, entre autre[98], sur une enquête par questionnaires (N=129) auprès des enseignants du primaire et du secondaire des hautes Pyrénées de l'est des Pyrénées Atlantiques (Peignoux et *al.*, 1998). Avant de traiter spécifiquement le cas du musée pyrénéen, le questionnaire portait sur les habitudes de sortie au musée, les freins et les soutiens de la sortie, son organisation, les raisons de la réussite ou de l'échec d'une sortie scolaire.

Une recherche a été menée au Canada, à l'Université du Québec à Montréal, sur le public des adolescents et ses relations avec le musée. L'une des parties de cette étude s'intéresse au regard des enseignants du secondaire sur la relation entre l'École et le Musée (Matias, Lemerise, Lussier-Desrochers, 2001). Un questionnaire a été distribué dans 16

---

[97] Cette étude a été commandée par l'Institut de Physique du Globe de Paris.

[98] La seconde partie est une enquête réalisée au Musée Pyrénéen auprès « d'élèves-experts » de 9 classes de cycles et niveaux diversifiés.

écoles francophones de la région de Montréal. Les enseignants ayant répondu sont au nombre de 202 et se différencient selon le sexe, l'ancienneté, la matière et l'ordre d'enseignement. Les enseignants considèrent que les musées peuvent avoir un rôle éducatif dans le développement et l'apprentissage de leurs élèves (12-17 ans). En effet, presque la totalité des répondants (soit 96%) considère que le musée est un environnement d'apprentissage (plus ou moins au même titre que l'école selon l'expérience professionnelle). Pour un peu plus du tiers des répondants (soit 38%), les projets proposés aux classes du secondaire correspondent aux intérêts des élèves. D'une manière générale, les résultats de cette étude montrent que les enseignants seraient le plus enclin à fréquenter, dans le cadre des sorties scolaires, des musées d'histoire et d'archéologie, puis des musées de sciences naturelles et de sciences « pures », et enfin des musées d'art puis des centres d'interprétations. Il semble que les musées « préférés » par les enseignants ici sont le plus souvent ceux qui abordent leur discipline d'enseignement. Les objectifs associés à ces sorties sont d'abord liés aux programmes scolaires puis au développement général des élèves, mais les enseignants n'accordent que très peu d'importance aux sorties dites de « plaisir ou de divertissement ». Les visites guidées sont préférées aux formules de partenariat impliquant une collaboration plus importante entre les deux institutions. Les visites guidées par les enseignants ou « libres » ne sont pas des formules appréciées par ces derniers. Les enseignants déplorent le manque d'informations sur les différentes offres des musées et pointent également les difficultés liées à l'organisation des sorties. C'est principalement par ces raisons qu'ils justifient leur non-participation à des visites de musées.

Notre recherche s'inscrit dans la lignée des études exposées précédemment mais s'en distingue pour différentes raisons.

Tout d'abord nous voulions organiser notre étude d'un point de vue plus didactique que sociologique (conception d'une situation didactique au musée, éléments didactiques intégrés à « l'animation » muséale...). De plus, nous voulions mettre en place une double comparaison : l'une axée sur les données culturelles issues du monde scolaire et muséal en France et au Canada, et l'autre liée à l'évolution des représentations depuis la formation initiale des enseignants jusqu'aux différents degrés d'ancienneté dans leur pratique professionnelle[99]. Nous avons choisi dans cet article de développer uniquement l'aspect lié aux enseignants en formation initiale pour aboutir à une réflexion quant à la question de leur formation[100]. Ainsi, nous travaillerons sur les représentations des futurs enseignants suite à leur formation initiale, et non pas sur leurs pratiques réelles. Cet angle d'approche nous semble intéressant puisque ce sont en premier lieu leurs représentations, et non pas leur expérience de terrain, qui vont entraîner ou pas le fait d'organiser des sorties scolaires dans les différents lieux possibles. Pour finir, au niveau de la méthodologie employée, nous voulions mettre au service de ces problématiques de recherche des moyens statistiques assez peu employés, et ainsi introduire l'utilisation de l'analyse multidimensionnelle.

---

[99] La totalité de cette recherche est consultable dans la thèse dont est issue cet article (Cohen, 2000), thèse dirigée par Y. Girault. Une partie de cette recherche a donné lieu à un ouvrage (Cohen, 2001).

[100] Notons que depuis une dizaine d'années, en région parisienne, de nombreux enseignants bénéficient, durant leur formation initiale, d'une formation pouvant intégrer une réflexion sur l'utilisation du musée.

2. Présentation de l'étude

Notre enquête s'intéresse aux représentations des enseignants en formation initiale dans le cadre de l'utilisation des musées. Les déclarations seront entendues comme des « pratiques projetées » liées à ce que les enseignants en formation initiale s'imaginent faire dans l'exercice de leur profession. Par cette étude, nous pourrons, entre autre, travailler sur ce que les futurs enseignants imaginent mettre au cœur de la visite scolaire au musée.

Nous avons choisi de nous intéresser aux représentations liées aux trois temps de la visite scolaire au musée (avant, pendant et après) : choix du musée, objectifs des visites scolaires au musée, préparation de la visite, lien avec le programme scolaire, choix de la visite libre ou guidée, regard sur la relation Ecole/Musée.

2.1. Méthodologie

La population visée par le questionnaire (N= 380) est divisée en deux groupes[101] :
- Enseignants en formation initiale au Québec[102] n= 156
- Enseignants en formation initiale en France n= 224

Pour les enseignants en formation initiale en France, nous avons contacté uniquement des étudiants dans des Instituts Universitaires de Formation des Maîtres (IUFM) ayant

---

[101] Pour une description plus détaillée de la population étudiée, se reporter à Cohen, 2000.

[102] Dans la suite de cet article, pour alléger le texte, nous pourrons nommer cette population « les Québécois » comme nous pourrons écrire « les Français » sans systématiquement préciser les enseignants en formation intiale français ou québécois.

obtenu leur concours, c'est-à-dire ceux qui suivaient leur dernière année de formation. Pour diffuser les questionnaires nous avons eu recours à des professeurs des différents IUFM de Paris et de la région parisienne qui le proposaient à leurs classes entières. Une lettre était adressée aux étudiants pour leur expliquer le but de ce questionnaire, mais aussi pour leur donner les consignes pour y répondre. L'enseignant rassemblait les questionnaires pour nous les renvoyer. Nous avons choisi de nous intéresser exclusivement à une population issue des IUFM de Paris et de sa région et cela pour deux raisons. Tout d'abord parce que nous voulions connaître les représentations de futurs enseignants dans un site où les espaces muséaux sont accessibles facilement de par leur nombre et leur répartition. Mais aussi pour pouvoir comparer les représentations des enseignants en formation initiale français et québécois. En effet, les questionnaires « québécois » ont été exclusivement soumis à une promotion d'une université Montréalaise, ville où il existe également une forte concentration d'espaces muséaux.

Ce dernier groupe rassemble toute la promotion de l'année scolaire 1996 / 1997 des enseignants du primaire en formation initiale à l'Université de Montréal. Nous nous sommes rendus dans chacune des classes pour présenter le questionnaire, et le récupérer. Pour l'année suivante, il était prévu de diffuser à la nouvelle promotion les questionnaires, mais un problème technique a rendu cela impossible pour les enseignants montréalais.

Nous avons réalisé, d'une part une étude statistique unidimensionnelle, basée sur l'analyse des fréquences des réponses et d'autre part, une analyse multidimensionnelle[103].

---

[103] Nous avons mis en place une double approche : par une analyse factorielle des correspondances (AFC) et par la réalisation d'arbre de

Par cette double approche, nous avons tenté de définir les atouts et les limites de la relation Ecole/musée « à venir » pour proposer une nouvelle approche de la formation muséologique ou plus largement culturelle des enseignants.

2.2. Situations québécoise et française

Les deux situations se distinguent pour différentes raisons. Nous mettrons ici en évidence uniquement les différences qui nous semblent pertinentes du point de vue de notre étude.

Si en France la visite libre, c'est-à-dire l'encadrement de la classe par l'enseignant au musée est possible, au Québec, toutes les visites vont être systématiquement encadrées par des médiateurs muséaux. Ainsi, un rôle important est accordé aux acteurs du monde scolaire en France, alors que dans la même situation, les acteurs muséaux ont un poids plus important dans la province de Québec. De ce fait, de nombreux musées français ont mis en place des formations d'enseignants pour aider ces derniers à utiliser le musée comme un lieu de ressources scientifiques. Au Québec par contre, ces formations ne seraient pas pertinentes puisque les enseignants n'encadrent pas leurs groupes dans l'espace muséal, ainsi, ces musées ont choisi de réaliser des « informations » plutôt que des formations pour faire connaître leurs activités et inciter les enseignants à choisir leurs programmes. Les responsables pédagogiques québécois mettent également en avant les points du curriculum au cœur des animations proposées pour aider les enseignants à choisir leurs « produits pédagogiques » en particulier. Ainsi,

---

classification (basés sur la similarité des réponses). Une classification hiérarchique des modalités des questions à partir du tableau des données a été réalisée.

l'enseignant peut argumenter son choix de sortie scolaire auprès de la direction de l'école et de la commission scolaire (celle-ci a en son sein des représentants de parents d'élèves et a un pouvoir important sur le choix des sorties), en fonction des points du curriculum qui seront validés lors de la sortie. Compte tenu qu'au Québec, le curriculum impose le contenu des activités muséales, les responsables pédagogiques ont fait le choix d'innover du point de vue de la forme des activités pour pouvoir se distinguer de l'approche scolaire. En France, par contre, le programme scolaire est pris en compte de façon plus souple. Malgré cela, le rôle accordé aux acteurs scolaires au sein des espaces muséaux en France (enseignants détachés[104], prise en charge des animations…) peut entraîner un classicisme pédagogique plus important. Ces situations différentes entraînent-elles un rapport au musée particulier de la part des enseignants en formation initiale dans ces deux espaces géographiques ?

3. Résultats

3.1. Sortie scolaire au musée : représentations d'enseignants en formation initiale français et québécois

Différentes tendances ressortent de l'analyse descriptive. Nous avons choisi de présenter les résultats de façon thématique.

---

[104] Cf. dans le même ouvrage, l'article de Geyssant J. : « l'Education nationale un partenaire privilégié des institutions muséales scientifiques ».

3.1.1 Musées scientifiques ou artistiques ?

Concernant le choix du type de musées par les futurs enseignants, il est intéressant de constater que selon le cadre de visite – personnelle (tab. 1) ou scolaire (tab. 2) - ces choix se modifient.
Lors des visites à titre personnel, les deux populations s'orientent en particulier vers des musées d'art aux dépends des musées de sciences, même si les Québécois choisissent relativement plus que leurs collègues français des musées scientifiques.
Le musée d'art semble ici répondre à un choix d'ordre culturel, associé au temps des loisirs. La sortie scolaire engendre, par contre, un choix différent puisque les futurs enseignants déclarent aller vers les deux types de musée avec la même fréquence. Mais lorsqu'ils réalisent un choix, c'est vers les musées scientifiques qu'ils s'orientent.

	France	Québec
Question fermée	*n=219*	*n=153*
plutôt scientifiques	10%	20%
plutôt artistiques	57%	52%
les deux avec la même fréquence	32%	28%

Tableau n°1 : Lors d'une sortie à titre personnel, quel type de musée choisissez-vous ?[105]

Il est peu probable de penser que c'est par préférence qu'ils opèrent ce choix aux vues des résultats liés aux visites à titre personnel. Par rapport aux représentations des futurs

---

[105] Pour ce tableau, ainsi que pour les tableaux n°2, 3, 5, 6, 8, et 11, une seule réponse possible (utilisation d'un filtre pour prendre en compte uniquement ceux qui ont choisi une seule réponse).

	France	Québec
Question fermée	*n=222*	*n=156*
plutôt scientifiques	18%	26%
plutôt artistiques	8%	9%
les deux avec la même fréquence	74%	65%

Tableau n°2 : Lors d'une sortie dans le cadre scolaire, quel type de musée choisissez-vous ?

enseignants, il en ressort que si les musées d'art correspondent à un choix d'ordre culturel durant les moments de loisirs, les musées scientifiques répondent à celui de sortie à but pédagogique avec la classe. Nous retrouvons peut-être avec les enseignants en formation initiale, une tendance, observée déjà dans une étude menée sur l'historique de la relation Ecole/Musée (Cohen, Girault, 1999), selon laquelle le musée scientifique semblait plus accessible aux jeunes publics de par leur contenu, que le musée artistique plus ardu puisque étant « *considéré comme l'expression suprême du beau, (il) est plus hermétique* » (Marot, 1938). Comme nous l'avons observé dans le passé, il semblerait qu'avant toute pratique, l'image du musée puisse être déclinée selon deux axes : le premier, dans le cadre de sorties pédagogiques avec les musées scientifiques, le second, dans celui de sorties culturelles avec les musées artistiques. Au delà de l'héritage historique, il semble exister un élément d'explication du point de vue des contenus de savoirs véhiculés par les musées. En effet, au niveau disciplinaire, il est aisé d'établir un lien entre les sciences présentées dans les espaces muséaux et les programmes scolaires.

> « *L'école exerce une action sur le choix des musées ou expositions temporaires visitées : plus ils sont proches des découpages disciplinaires ou programmatiques et des formes de l'apprentissage scolaire (schémas,*

importance des textes, petites expériences ou manipulations) plus ils sont sélectionnés. Ils conviennent d'autant plus qu'ils proposent non pas autre chose mais la même chose, et de façon illustrée » (Caillet, 1995).

Nous aurions pu penser que la formation initiale des enseignants entraînerait des préférences quant au choix des musées visités, pourtant cette hypothèse n'est pas corroborée dans le cadre des visites à titre personnel. Que les enseignants aient reçu une formation scientifique ou littéraire, ils s'orientent largement vers des expositions artistiques.

3.1.2. Préparation de la visite scolaire

Selon l'origine géographique, les futurs enseignants imaginent se préparer à la visite scolaire de différentes manières (tab. 3). Parmi les enseignants en formation, si les Français semblent très attachés à la pré-visite les Québécois, au contraire, déclarent plus souvent ne jamais imaginer utiliser ce type de préparation.
Nous pensons que la forme des activités proposées selon le pays entraîne ces différents comportements. La généralisation des produits pédagogiques « clefs-en-main » au Québec engendre peut-être pour les enseignants une inutilité de la pré-visite au musée. Cette situation est peut-être également liée aux rapports entretenus avec les médiateurs muséaux. En effet, il est possible que la confiance que les futurs enseignants témoignent envers ces derniers les incite également à ne pas réaliser ce type de visite, nous tenterons de le vérifier plus loin. L'absence de préparation ne doit pas systématiquement être associée à un manque d'intérêt mais peut aussi relever d'une stratégie pédagogique. Dans ce cas, la visite peut être la première étape d'une activité développée en classe. Sans préparation, celle-ci peut également intégrer

	France	Québec
A l'aide d'une pré-visite	*n=224*	*n=155*
Toujours	71%	33%
Parfois	25%	41%
Jamais	3%	26%
A l'aide du service pédagogique	*n=222*	*n=152*
Toujours	73%	31%
Parfois	23%	46%
Jamais	4%	23%
A l'aide de documents	*n=220*	*n=153*
Toujours	65%	58%
Parfois	28%	35%
Jamais	7%	6%

Tableau n°3 : Types de préparation d'une visite

des éléments importants comme la notion de surprise permettant une approche différente de ce moment et de ce qu'il permettra d'engendrer. En France, par contre, les enseignants en formation initiale offrent une image « presque parfaite » de leur future activité professionnelle. La préparation avec le service pédagogique est plus souvent envisagée par la population française que québécoise. Par contre, pour tous, la préparation hors site est particulièrement appréciée. Cet élément va dans le sens de ce que les responsables pédagogiques définissent comme une nécessité pour l'enseignant d'utiliser des supports papier avant, pendant et après les sorties (fiches enseignants et enfants) (Cohen, 2000).

3.1.3. Objectifs des visites scolaires au musée :

Le tableau n°4 nous informe sur les objectifs que les futurs enseignants associent aux sorties scolaires au musée.
Dans les deux populations, les objectifs principaux des sorties scolaires au musée sont des objectifs pédagogiques et des objectifs liés aux contenus de savoirs. Les sorties scolaires au musée sont donc perçues par les futurs enseignants, en premier lieu, comme des moyens d'apprentissage de contenus. Dans l'étude complète (Cohen, 2000), les responsables pédagogiques des musées pointaient ce décalage entre leurs objectifs (d'ordre plus culturel) et ceux des enseignants. Du point de vue des contenus, nous considérons, que toute sortie scolaire au musée ne doit pas se donner comme objectif principal la construction de connaissances. Il est évident que le savoir est en jeu dans ces situations mais cela ne suffit pas pour considérer qu'il pourra être transmis et construit. Nous préférerons énoncer différents objectifs autour du savoir qui ne seront pas toujours liés à sa construction. Ces situations devront entraîner, chez les enfants, la perception d'un savoir ouvert, non clos, où les différentes disciplines ne seront pas strictement délimitées. Ces situations pourraient déboucher sur la prise de conscience de l'étendue des connaissances scientifiques, les enfants, en effet, saisiraient que les éléments en jeu dans les situations muséales qu'ils ont vécues ne sont pas les uniques éléments de savoirs liés au sujet traité. Si les sciences sont perçues comme un ensemble d'éléments non figés, un des objectifs sera atteint. Cette perception pourra entraîner la mise en relation de parcelles de savoirs préalablement constituées (par l'action de l'École par exemple). Le cadre scolaire, mais ce n'est pas le seul lieu adepte de ce fonctionnement, a tendance à transmettre des

	France	Québec
Question fermée	*570 réponses n=224*	*399 réponses n=156*
Objectifs pédagogiques	92%	73%
Objectifs liés à des contenus de savoirs	58%	65%
Objectifs liés à ce que sont les musées	43%	38%
Objectifs relationnels	31%	36%
Objectifs de détente, pour le plaisir	30%	42%

Tableau n°4 : Objectifs de la sortie scolaire au musée[106]

savoirs cloisonnés[107]. Les matières enseignées à l'école sont très délimitées ; il existe différentes disciplines auxquelles sont associées différents ouvrages, différents matériels, et même selon les niveaux scolaires, différents professeurs. Les connaissances construites favorisent l'existence de parcelles conceptuelles sans liens entre elles. Un des objectifs de l'animation muséale serait dans ce cas, par l'intermédiaire du non-cloisonnement des disciplines en jeu, de permettre l'établissement des liens entre ces parcelles de savoirs préalablement construites. Sans être ni une transmission, ni

[106] Pour ce tableau, ainsi que pour les tableaux n°7, 9 et 10, plusieurs choix de réponses sont possibles, ce qui explique que le nombre de réponses dépasse celui des effectifs, et que le total en pourcentage dépasse les 100%.

[107] Autour de ce thème, il est possible de consulter le débat d'idées retraduit dans l'ouvrage de A. Giordan et Y. Girault (1994), sous le titre de « Faut-il enseigner les sciences de façon intégrée, ou les disciplines séparément », ainsi que M. Develay (1992).

une construction pure de connaissances, l'action de l'animation muséale donnera du sens aux savoirs scientifiques des sujets, et travaillera, de fait, sur leurs rapports aux savoirs.
Les enseignants ne sont pas particulièrement sensibles aux objectifs liés au musée. Il apparaît ici que les éléments muséologiques ne semblent pas être au cœur des préoccupations enseignantes. La sortie scolaire se révèle être une utilisation d'un lieu et non pas une exploitation spécifique d'un lieu spécifique.
Les objectifs relationnels ne sont pas cités par les futurs enseignants comme des objectifs prioritaires dans le cadre des visites scolaires. Pourtant l'étude autour du musée pyrénéen de Lourdes (Peignoux, Eidelman et *al.*, 1998) propose d'autres résultats. En effet, parmi des objectifs culturels, pédagogiques, de détente et de socialisation, c'est ce dernier qui s'avère dominant chez les enseignants interrogés (42%), suivent alors des objectifs d'ordre pédagogique (25%). Il est important de remarquer que, dans cette dernière étude, les éléments classés dans l'aspect de socialisation peuvent être, pour nous, associés à des objectifs liés au musée. C'est le cas, par exemple, de l'apprentissage du plaisir de visite ou encore du respect du lieu. De plus cette recherche interroge des enseignants de primaire, mais également de secondaire, ainsi, nous pensons que ces deux types de raisons contribuent à expliquer la différence des résultats. Dans notre recherche, ce n'est donc pas en termes d'expérience sociale qu'est pensée la sortie au musée. De plus, il est très intéressant d'observer le statut donné aux objectifs de plaisir ou de détente. En effet, ils semblent peu importants pour ces populations, même si les futurs enseignants québécois y accordent plus d'importance que leurs collègues français. Dans l'étude complète (Cohen, 2000), cette situation était déjà pointée par les responsables pédagogiques qui regrettaient l'absence de plaisir lors des

sorties scolaires organisées par les enseignants. Pourtant, même si cet élément n'est pas inscrit dans les programmes scolaires, nous avons déjà défendu le fait qu'il permette d'ouvrir les portes du savoir, et dans le cas de ce type de sortie, il permet également d'ouvrir les portes du musée comme lieu spécifique. Il existe des réticences de la part des enseignants pour associer la notion de plaisir à des objectifs de savoir dans le cadre des sorties. Ceux-ci ne sont peut-être pas ignorés mais secondaires. Pourtant, nous considérons, au contraire, qu'ils sont essentiels, puisqu'ils permettent d'inscrire la sortie scolaire dans le temps, en permettant une facilitation des divers objectifs associés (savoir, incitation à de nouvelles visites...).

3.1.4. Visite au musée et programme scolaire

Le tableau n°5 nous renseigne sur les liens (systématiques ou occasionnels) que les futurs enseignants imaginent faire entre la visite scolaire au musée et leurs programmes.

	France	Québec
Question fermée	*n=218*	*n=155*
Toujours	42%	26%
Parfois	57%	73%
Jamais	1%	1%

Tableau n°5 : Liens entre la sortie au musée et programme scolaire

Pour les futurs enseignants français, le lien entre les sorties au musée avec les classes et le programme scolaire apparaît être très fort. Concernant la cité des sciences, J. Eidelman et J. Peignoux (1993) écrivaient déjà :

« On met ici réellement aux prises culture muséale et culture scolaire. (...) L'absence d'entrée disciplinaire et le déficit de vision synthétique font violence aux enseignants qui ne

peuvent mobiliser leurs critères d'évaluation habituels et qui ont des difficultés à se couler dans le moule des pédagogies non-directives ».

Une rencontre entre le monde scolaire et le monde muséal, a lieu pendant le moment de visite scolaire intégrant des éléments liés à l'École et au Musée. Un ajustement des enjeux de chacun des acteurs doit se réaliser pour créer une véritable relation et non pas une utilisation. Dans les déclarations des Québécois, le lien entre le programme scolaire apparaît être moins fort que pour leurs homologues français. Pourtant, comme nous l'avons vu précédemment, cette population est contrainte de valider des points du programme scolaire lors des sorties. Ces derniers étant, dans la majorité des cas, mis en évidence par les musées dans les propositions d'activité, les enseignants n'ont pas à établir le lien par eux-mêmes. Cette prise en compte des programmes scolaires est incontournable, mais à nos yeux elle ne doit pas effacer un travail intégrant des objectifs plus spécifiques au musée, c'est-à-dire associer une formation du visiteur à celle de l'élève.

3.1.5 Visite libre ou guidée ?

Les tableaux 6 et 7 nous indiquent le choix des futurs enseignants quant à la prise en charge par eux-mêmes ou par des médiateurs muséaux de leur classe au sein des musées.

Il est intéressant d'observer comparativement les regards portés sur les médiateurs muséaux. En effet pour justifier du choix de la visite guidée une part importante des personnes interrogées s'accordent sur l'importance des compétences du médiateur sur le contenu. C'est principalement cet élément qui les pousse à faire ce type de choix.

Questions fermées	France	Québec
Choix de la visite libre	*n=223*	*n=153*
Toujours	2%	3%
Parfois	89%	82%
Jamais	9%	15%
Choix de la visite guidée	*n=221*	*n=152*
Toujours	13%	20%
Parfois	85%	80%
Jamais	2%	0%

Tableau n°6 : Choix de la visite libre ou guidée

> *« L'intervention d'une personne tierce dans la relation enseignant-enseigné n'est guère vécue comme déstabilisante, tout au moins dans le cas où la visite au musée est une réussite. Dans bien des cas, elle est ressentie par l'enseignant comme un enrichissement et un rééquilibrage de la relation pédagogique classique, mais également facteur d'une plus grande convivialité »* (Eidelman et Peignoux, 1993).

Dans notre étude, le conférencier (ou animateur, ...) est perçu comme un spécialiste du savoir en jeu dans l'exposition. Les enseignants en formation initiale associent à cet élément leurs propres faiblesses sur ces domaines. Ainsi cette double observation les pousse à se faire accompagner dans leurs visites scolaires. Notons que la population québécoise accorde plus d'importance aux compétences du médiateur vis-à-vis du musée que la population française. Est-ce les pratiques des conférenciers en France et au Canada qui entraînent ce type de perceptions ? Nous pensons, que la professionnalisation du médiateur muséal au Canada est un élément qui doit contribuer fortement à ces représentations.

En effet, le conférencier n'est pas dans ce cas, exclusivement associé aux contenus de savoirs. Au-delà de la « maîtrise » scientifique, il cumule ici également une forme de maîtrise spécifique du lieu.

Lorsque l'enseignant se considère assez formé quant aux savoirs en jeu dans l'exposition, les deux populations choisissent la visite libre. La vision du médiateur muséal joue également dans ces choix. Nous remarquons que les enseignants en formation initiale en France ont des représentations beaucoup plus négatives que leurs collègues québécois sur les conférenciers. Ils évoquent particulièrement leur incompétence du point de vue pédagogique. D'une façon générale les enseignants en formation initiale se déclarent plus souvent être des spécialistes de la pédagogie par rapport aux médiateurs muséaux. Il semble qu'ils gardent en eux l'image vieillotte du conférencier érudit mais incapable de s'adapter à un public d'enfants.

> *« La figure de la conférencière traditionnelle incarne tous les défauts de l'institution. Encore peu habituée à un public hétérogène en âge et en origine sociale, elle ne sait pas comment s'y prendre, mais en outre elle ne cherche pas à le faire »* (Eidelman et Peignoux, 1993).

Le conférencier est défini comme un spécialiste des contenus, et l'enseignant comme un spécialiste de l'enfant. Les spécificités de la médiation au musée ne semblent, donc, pas être prises en compte avant toute pratique.

Catégories des réponses spontanées « justifications »	France *296 réponses* *n=166*	Québec *290 réponses* *n=145*
Visite libre		
Compétence enseignant/enfants	24,1%	20%
Incompétence conférencier	15,7%	4,1%
Côté pratique (coût, organisation,...)	2,4%	0%
Visite guidée		
Compétence conférencier/ contenu	32,5%	46,2%
Incompétence enseignant/contenu	29,5%	30,3%
Compétence enseignant/contenu	21,7%	26,2%
Compétence conférencier/musée	11,4%	20%
Incompétence enseignant/lieu	10,8%	13,8%
Au profit des élèves	10,2%	15,2%
Spécificités musées	7,8%	11,7%
Compétence conférencier/enfant	1,8%	4,1%
Autres	10,2%	8,3%

Tableau n°7 : Justification du choix de la visite libre ou guidée

3.1.6. Relations Ecole/Musée

Le tableau n°8 nous informe sur le regard que portent les enseignants sur la relation entre l'École et le Musée. Deux types de réponses se dessinent.

	France	Québec
Question fermée	*n=194*	*n=143*
Collaboration	25%	30%
Partenariat	47%	38%
Deux mondes bien séparés	28%	33%

Tableau n°8 : Regard sur la relation entre l'école et le musée

catégories des réponses spontanées « justifications »	France *95 réponses* *n=78*	Québec *129 réponses* *n=123*
Critiques négatives		
Problèmes de communication	36%	19%
Mal adaptés aux enfants/ enfants mal tolérés	20%	4%
Problèmes pratiques (coût, géographie...)	10%	2%
Objectifs différents	10%	4%
Autres	5%	0%
Total critiques négatives	**81%**	**29%**

Tableau n°9 : Justification de l'état des relations entre l'École et le Musée – critiques négatives.

Aux yeux des enseignants français en formation initiale le musée est encore aujourd'hui un lieu fermé. Ces représentations peuvent être, soit le résultat d'expériences passées, soit, comme nous avons tendance à le penser, les restes d'une image poussiéreuse largement existante au sein de nombreuses populations. Par contre, leurs homologues québécois ont une vision beaucoup plus positive de ces relations. Nous pensons que cette situation peut s'expliquer par le fait que ces musées sont des musées jeunes, excluant toutes représentations liées aux vieux « musées poussiéreux », assumant le poids de leur passé, éléments souvent cités dans notre analyse historique (Cohen, Girault, 1999). Nous pensons également que le fait que les musées québécois se montrent innovants du point de vue des formes d'accueils des groupes scolaires, qu'ils aient une approche marketing forte, et qu'ils offrent une facilitation à l'enseignant pour la visite, contribuent à développer cette vision positive.

L'utilisation du même modèle didactique pour les situations au musée, et les situations à l'école se distinguent selon le pays.
La population française interrogée a, par rapport à la population québécoise, d'avantage tendance à penser que les animations muséales doivent résulter d'un modèle didactique de construction, différent de ceux utilisés par le monde scolaire.

Les entretiens réalisés avec les responsables pédagogiques peuvent expliquer cette situation (Cohen, 2000). Celle-ci peut être le résultat d'une intégration prioritaire d'éléments scolaires (programme scolaire) pour la construction d'animations muséales. De plus, les futurs enseignants français seront beaucoup plus souvent que les autres, confrontés à la création de visites scolaires au musée. Cette situation peut probablement les inciter à prendre conscience de la nécessité de l'utilisation d'une réflexion préalable spécifique introduisant des aspects d'ordre muséologique, entre autres.

Critiques positives	France	Québec
Bonnes relations, bonne communication	8%	42%
Adaptés aux enfants	4%	8%
Autres	30%	26%
Total critiques positives	**41%**	**76%**

Tableau n°10 : Justification de l'état des relations entre l'École et le Musée – critiques positives.

N.B. : Notons pour cette question un taux d'abstention bien plus élevé que pour les questions précédentes.

	France	Québec
Question fermée	*n=169*	*n=136*
Oui	24,9%	47,1%
Non	75,1%	52,9%

Tableau n°11 : Utilisation du modèle didactique scolaire dans la construction d'une séquence au musée.

3.2. Typologie des enseignants en formation initiale

L'Analyse Factorielle des Correspondances (AFC) que nous avons réalisée sur ces populations et les arbres de classification (Cohen 2000) nous permettent d'observer des distinctions importantes entre les enseignants en formation initiale français et québécois, et de tendre vers un regroupement multiple des réponses.

Les enseignants en formation initiale français ont une vision scolaire de la visite du musée par les classes. Leurs motivations de sorties sont intimement liées à l'École. De plus les éléments qui caractérisent cette population spécifique sont les déclarations autour des diverses préparations précédant la visite. En effet, ils imaginent toujours préparer la visite à l'aide du service pédagogique et pensent, également, toujours réaliser une pré-visite. Quant à la préparation de leurs élèves, les enseignants en formation initiale français considèrent qu'ils aborderont, toujours avant la visite, le travail que leurs élèves auront à réaliser à la suite de la sortie. Celui-ci s'incarne dans le traditionnel compte-rendu. Au regard de ces éléments, il apparaît que cette sous-population a une approche consciencieuse, scolaire et traditionnelle, de la visite scolaire au musée. La direction donnée aux actions menées par les enseignants en formation initiale français est principalement liée au travail des élèves et au contenu de savoir en rapport avec la sortie.

Par rapport à la population précédente, les enseignants québécois en formation initiale ont une perception plus positive du musée et des relations que cette institution entretient avec le monde scolaire. Cette sous-population est caractérisée par la prise en compte des spécificités du musée entraînant la constitution de corps de métier particulier en son sein. Au contraire de leurs homologues français, ils associent aux acteurs muséaux, en charge du public scolaire, des compétences spécifiques qu'eux, en tant qu'enseignants, n'ont pas. Les produits pédagogiques et l'encadrement au musée sont donc, aux yeux des enseignants québécois, adaptés. Il apparaît également que cette sous-population n'accorde d'importance ni à la préparation de leurs élèves, ni à leur propre préparation. Les traitements statistiques utilisés montrent que ces futurs enseignants envisagent moins de pré-visite ou de préparation de leurs élèves par rapport au contenu de savoirs en jeu dans la visite. Ils préfèrent laisser le soin aux acteurs muséaux de prendre ces éléments en charge.

Conséquences pour la formation des enseignants

Les résultats de cette étude montrent que les représentations des futurs enseignants français sur les musées et sur les relations qu'ils peuvent entretenir avec le monde scolaire posent quelques questions. En effet, ils se révèlent pouvoir être de véritables freins à l'organisation de visites scolaires dans des musées. La méconnaissance des espaces muséaux et le regard négatif que semblent porter, selon cette étude, les futurs enseignants sur ces espaces culturels et sur leurs médiateurs, met en évidence la nécessité d'une formation d'ordre culturel. Aujourd'hui, les futurs enseignants sont formés sur les contenus de savoirs, et non pas sur des approches spécifiques. Pourtant, un enfant qui se rend avec sa classe dans un musée est un élève en formation, mais également, et cet élément n'est pas négligeable : un visiteur. Ainsi, la formation ne peut pas être uniquement liée à des objectifs scolaires. Aujourd'hui, la plupart des enfants se rendent au moins une fois, pendant leur scolarité, dans un musée avec leur classe. Durant ces moments, les enfants vont être confrontés aux spécificités de ce lieu : présence d'objets de collections, mise en scène d'objets au service d'un discours scientifique... Si ces visiteurs particuliers ne sont pas sensibilisés à ces éléments, ils vont être contraints d'utiliser les musées comme une bibliothèque, pouvant uniquement répondre à des exigences scolaires. Cette étude permet de mettre en évidence que cette orientation est toujours d'actualité. Les différents médias, aujourd'hui, doivent devenir des espaces de formation continue, mais pour cela, il faut pouvoir s'en saisir de façon personnelle. Ainsi ils ne seront plus uniquement des espaces scientifiques, mais deviendront des espaces spécifiques. La formation des enseignants devrait pouvoir prendre en compte l'importance de l'utilisation de ces médias dans le cadre de la formation des élèves, mais également dans celui de l'auto-formation à laquelle chacun de nous est confronté. Penser une formation muséale et plus largement culturelle, ou pourquoi pas médiatique, nous semble être essentielle aujourd'hui dans le cadre de la formation initiale des enseignants pour qu'à leur tour, les enseignants, puissent former les élèves dans ce sens.

Bibliographie :

Caillet E., (1995), À l'approche du musée, la médiation culturelle, PUL, Lyon, 306 p.

Cohen C., (2002), Quand l'enfant devient visiteur : une nouvelle approche du partenariat Ecole/Musée, L'Harmattan, Paris, 218 p.

Cohen C., (2000), Ecole et Musée : types de relations et spécificités des deux institutions, *in* Rapport de recherche pour le Comité National de Coordination de la Recherche en Education, « Prise en compte des intérêts des élèves dans le cadre de l'appropriation des savoirs scientifiques dans les espaces muséaux », sous la direction de Girault Y., pp. 29-39.

Cohen C., Girault Y., (1999), Quelques repères historiques sur le partenariat École-Musée, ou quarante ans de prémices tombées dans l'oubli, in ASTER n°29, Paris, pp. 9-25.

Develay M., (1992), De l'apprentissage à l'enseignement, ESF (éd.), Paris, 165 p.

Eidelman J., Peignoux J. al., (1997), Évalution d'audience du projet d'« observatoire de la terre » à St-Maur, URA 887, rapport d'étude.

Eidelman J., Peignoux J., (1995), Les enseignants de l'école primaire et de la Cité des Sciences : les conditions du partenariat école-musée, La lettre de l'OCIM, n°37, Dijon, pp. 17-25.

Eidelman J., Peignoux J., (1993), Le répertoire des significations d'un partenariat, L'image de la Cité des Sciences et de l'Industrie chez les enseignants du primaire, rapport final, ExpoMédia-International, URA 887, Paris, 165 p.

Giordan A., Girault Y., (1994), Les aspects qualitatifs de l'enseignement des sciences dans les pays francophones, UNESCO, Paris, 172 p.

Gonin-Bolo A. et *al.*, (1989), Les sorties scolaires : temps perdu ou retrouvé ?, Rencontres pédagogiques n°24, INRP, Nancy, 135 p.

Levy-Leblond J.M., (1981), L'esprit de sel : Science, culture, politique, Paris, Fayard, 298 p.

Marot P., (1938), Musées et éducation, comment on doit montrer un musée aux enfants, *in* L'éducation par la récréation, Berger-Levrault (éd.), Paris, pp. 87-92.

Matias V., Lemerise T., Lussier-Desrochers D., (2001), Le partenariat entre les écoles secondaires et les musées : points de vue d'enseignants de la région de Montréal, *in* Revue des sciences de l'éducation, Vol. XXVII, n°1, Montréal, pp. 85-104.

Poirey J.L., (1998), Quelles sont les modalités de fréquentation des musées par les écoles, *in* Entre École et Musée le partenariat culturel d'éducation, Travaux et Documents, PUL, Lyon, pp. 39-42.

Sode Funch B., (1997), L'éducation artistique et le partenariat entre l'École et le Musée, in Muséum 194, n°2, UNESCO, Paris, pp. 38-42.

Stone D.L., (1992), Elementary art specialists' utilisation of the art museum: a survey, Visual Art Research, Vol 18, n°1, pp. 72-81.

La prise en compte du jeune public dans les musées de sciences naturelles

Fabienne Noé[108]

1. Objectifs et finalités de l'accueil des enfants de classes maternelles dans les muséums d'histoire naturelle

Nous savons aujourd'hui que de nombreux enfants viennent pour la première fois au musée dans un contexte scolaire. Depuis de nombreuses années les services éducatifs des musées s'organisent pour accueillir au mieux ces classes qui, pour la plupart des musées, représentent une part importante de leurs visiteurs. Cependant, de nombreux obstacles sont identifiés, notamment, en ce qui concerne l'accueil des enfants dans les musées scientifiques, d'autant plus quand ce sont de très jeunes enfants.

Les groupes d'enfants très jeunes sont souvent très peu pris en considération dans ces lieux, d'autant plus dans les établissements scientifiques. Pourtant, ce public est présent et demandeur d'activités. Parallèlement, à la Grande Galerie de l'Evolution, l'Observatoire Permanent des Publics a noté une forte augmentation de la fréquentation des familles accompagnées de jeunes enfants.

Comment alors prendre en considération ce jeune public et répondre à son attente tout en l'initiant aux sciences ? Pour répondre à cette question, nous allons tout d'abord nous inspirer de travaux théoriques réalisés sur le développement

---

[108] Responsable au Muséum national d'Histoire naturelle de l'accueil de la petite enfance, participe à ce titre aux travaux de l'Unité Scientifique du Muséum Muséologie et Médiation des Sciences.

psychogénétique du jeune enfant. Nous analyserons ensuite l'offre de quelques musées de sciences naturelles destinée à ce jeune public. Enfin, nous envisagerons l'accueil des enseignants et la formation du visiteur, qu'il soit enseignant, enfant, ou parent.

1.1. Le contexte psycho génétique

C'est en nous appuyant, en partie, sur les travaux de Piaget (Dolle, 1991) que nous allons tenter de mettre en évidence les nécessités d'un apprentissage précoce des sciences.
La prise en compte de la succession des stades de développement de la pensée enfantine permet de mieux comprendre les obstacles auxquels on peut être confronté quand on se trouve face à un groupe de jeunes enfants d'une part, et souligne d'autre part les limites d'une démarche scientifique.
Bien plus, c'est la prise en compte de la succession de ces stades qui est pertinente dans notre étude, c'est la raison pour laquelle il est nécessaire de commencer notre argumentation dès la phase sensorimotrice située entre 0 et 24 mois. A cet âge, le jeune enfant dispose d'une pensée à priori sans représentation mentale, sans langage, sans concept, elle se détermine en présence d'objets, de situations, de personnes et son instrument en est la perception. Cette pensée élabore les substructures cognitives de l'intelligence ultérieure. L'enfant se construit à travers l'exploration du monde environnant et s'identifie peu à peu comme faisant partie de ce monde qui l'entoure. De façon très paradoxale, c'est en s'ouvrant sur le monde extérieur que l'enfant se centre sur lui-même et entre dans une phase d'égocentrisme qui s'étalera sur plusieurs années.
Cette phase sensorimotrice est la base de toute évolution ultérieure et se retrouve chez des enfants plus âgés, lors notamment de la transition vers la pensée pré-opératoire qui

va davantage caractériser les enfants entre 2 et 5 ans. A ce stade, la pensée enfantine est toujours guidée par la perception, mais elle est maintenant soutenue par l'image mentale de l'objet et l'imitation. Ceci permet à l'enfant d'intérioriser l'objet sans qu'il soit en contact direct avec lui. C'est pour ces raisons que dans les ateliers proposés au Muséum national d'Histoire naturelle, nous accordons une grande importance à mettre les enfants face à une diversité d'objets réels (collections) qu'ils peuvent appréhender par la vue mais également par le toucher quand les collections le permettent. Cette pratique sensorielle contribue à l'éveil de l'enfant. De retour en classe l'enfant fera alors appel à ses expériences particulières et à son vécu individuel pour s'exprimer. Souvent, les enseignants utilisent des photos prises lors de la visite pour agrémenter le compte rendu verbal des enfants. Selon Piaget, (Dolle 1991) l'enfant en est au stade de pré-concepts.
Ce n'est qu'à partir de 5-7ans, en évoluant vers une pensée intuitive qu'il est capable de généraliser « *c'est une pensée imagée... elle porte sur des configurations d'ensemble et non plus sur de simples collections syncrétiques symbolisées par des exemplaires-types* » (Dolle, 1991). Il est alors possible d'envisager des activités autour d'un thème plus général, comme par exemple, la présentation de « la diversité des organismes dans la diversité des milieux terrestres » que nous traitons à la Grande Galerie de l'Evolution (GGE). Pour cela, à l'aide d'un conte africain, nous présentons, à l'aide de tableaux, des milieux de vie des animaux qui servent de repères visuels aux enfants lors de la visite dans la GGE. Au cours de cette visite, les enfants sont progressivement amenés à comparer différents milieux et les différentes espèces animales qui les habitent.
Persistent ensuite les difficultés pour communiquer avec l'adulte et avec l'ensemble du groupe. Entre 2 et 5 ans l'enfant a une image en tête très précise de l'objet qui n'est

pas forcément celle de l'adulte ou de son petit camarade. Le plus souvent, les enfants de 2-4 ans ne tiennent pas de conversations entre eux, mais conduisent des monologues parallèles en ne tenant pas compte de la pensée de l'interlocuteur. La communication est donc l'un des premiers obstacles que l'on rencontre quand on travaille avec de très jeunes enfants car la verbalisation n'est pas facile. À l'âge de 5-7 ans les enfants commencent à verbaliser aisément, ils sont capables d'écouter et de s'écouter davantage.
Il est important de précéder la phase de communication orale par un moment au cours duquel l'enfant s'approprie les objets et l'espace. Ainsi nous devons, lorsque nous voulons accueillir ce jeune public dans nos structures, laisser le temps aux jeunes enfants de se repérer dans l'espace, d'aller explorer librement les objets. De plus, la communication entre eux n'étant pas facile, il est souvent nécessaire de disposer d'un même objet en plusieurs exemplaires, de faire travailler les enfants par petits groupes, pour faciliter par la suite l'échange verbal. Cependant, il n'est pas rare qu'un enfant qui ne sait pas dire ou résoudre un problème verbalement, puisse le résoudre concrètement en passant notamment par le mime chez les plus jeunes. Ceci, nous avons pu le constater lors d'ateliers proposés à des enfants de 3-4 ans, sur le thème de la locomotion où le mime est très largement utilisé pour la description des membres plantigrades, digitigrades…

La richesse des expériences vécues en commun dans le cadre des sorties scolaires, d'activités scientifiques ou autres, peut contribuer à un enrichissement du vocabulaire ce qui, dans un second temps, stimule l'expression orale de l'enfant. Une expérience menée en partenariat avec quelques enseignants de maternelle de la ZEP de Grigny et le Muséum justifie ces propos[109]. En effet, les enfants, qualifiés par les enseignants de «peu expressifs», « consommateurs », avec des champs d'intérêt très modestes, un vocabulaire très pauvre, ne s'exprimaient que très rarement, notamment, en présence d'adultes. Au cours du projet, ces enfants ont eu l'occasion d'enrichir leurs expériences par un vécu commun. Tout ceci aurait, d'après les bilans des enseignants, contribué à un enrichissement de leur vocabulaire et donc les aurait stimulés quant à l'expression orale. Leur lexique s'est enrichi de noms d'animaux, de mots associés au monde animal ("peau, poils, plumes, écailles, griffes, sabot, os, squelette, piquant, mou, dur, pointu, plat... ») leur permettant de nommer de décrire et de comparer : *"la parole des enfants prend vraiment une autre valeur : parler des animaux est devenu valorisant, c'est un comportement nouveau"* (Mme Dougier). Ceci, les enseignants l'ont notamment constaté au cours de classes-lecture animées par un adulte. *« Ils avaient à présent un centre d'intérêt et souhaitaient en parler ».*

En fait, l'accueil de jeunes enfants dans les musées, doit être pensé de façon très spécifique. C'est un secteur qui doit pouvoir développer des activités très différentes selon les âges en tenant compte de la pensée pré-opératoire ou intuitive de l'enfant. Les supports pédagogiques, les durées des animations, le déroulement de ces animations, l'accueil, les objets présentés doivent être conçus différemment. Les

---

[109] Une visite-découverte de la Grande Galerie de l'Évolution, puis participation à 3 ateliers (approche de la diversité des Vertébrés à travers les peaux, la locomotion et les régimes alimentaires). Cette série de visites est toujours assurée par le même conférencier. Les visites sont espacées d'environ un mois et demi.
Visite à la découverte des arbres à l'Arboretum de Chèvreloup suivie de la visite découverte des serres tropicales du Jardin des Plantes, d'un atelier « boutures » et d'un atelier sur les fruits et légumes du potager.

plus jeunes doivent pouvoir travailler en petits groupes, changer d'activités souvent, se déplacer dans l'espace... ce qui implique bien souvent des objets en multiples exemplaires ce qui n'est pas toujours facile à résoudre surtout lorsque l'on travaille autour des objets de collection. Cela nécessite également un espace suffisamment grand.

Cette différence de prise en compte au sein même du jeune public, nous l'avons également constaté entre des enfants de 3 ans et 4 ans. Ce qui fonctionnait correctement avec des enfants de 4 ans, comme des jeux de kim toucher, des jeux de loto avec des peaux d'animaux demandaient encore à être adaptés ou présentés différemment pour des enfants de 3 ans. L'une des solutions a été notamment de préparer beaucoup plus en amont avec les enseignants les activités prévues au cours de l'atelier, pour initier les enfants à une façon d'être plutôt qu'à un contenu. Autant des enfants de 4 ans commencent à respecter des consignes que l'on peut leur donner comme : *« fermez les yeux, glissez vos mains dans la boîte ou sous le tissus »* autant cette consigne n'est absolument pas applicable par des enfants de trois ans. Il faut pour cela qu'ils y soient préparés.
L'expérience décrite plus haut, et menée sur le long terme, a été très concrète et motivante. Nous avons fait confiance aux jeunes enfants, en leur donnant la possibilité de manipuler du matériel authentique et fragile. La motivation a maintenu leur attention et leur esprit en éveil. Tous ces éléments ont mis en valeur les enfants et leur ont donné l'envie de s'investir : *« Au cours de ce projet, un besoin a été créé chez ces enfants, celui d'aller plus loin ! »* Ce projet, étalé sur 3 années successives, a contribué à l'évolution des enfants. L'égocentrisme, la pensée symbolique, la personnification des objets, les réponses animistes se sont progressivement atténués au cours des ateliers pour laisser place à un questionnement, à des propositions de solutions à des

problèmes qui peuvent être, à leur niveau, considérés comme des hypothèses. Nous avons donc, peu à peu, approché une démarche scientifique.

Comme le signalent Coquidé-Cantor et Giordan (1997) aborder une démarche scientifique avec de jeunes enfants est possible si l'enseignant aide les enfants dans leur démarche. En présence d'éléments stimulants, déclencheurs, les jeunes enfants sont amenés à se questionner de façon très spontanée. L'enfant, placé dans une situation problème, sera amené à trouver des solutions et donc à émettre des hypothèses. Cependant, l'émission d'hypothèses pour le jeune enfant est problématique car il est dans un système de pensée symbolique et syncrétique : si une pomme est rouge, tout ce qui est rouge est une pomme , peu de variables sont identifiées et il n'est pas en mesure de généraliser pour commencer à se dire *« c'est peut-être parce que .... »*. C'est pourquoi il semble important de placer l'enfant dans un environnement riche et diversifié afin qu'il puisse progressivement tirer partie de cette diversité.

Le besoin de vérification des idées émises n'est pas spontané. Les enfants s'expriment beaucoup dans l'affirmation. Ce sont les échanges enseignants-enfants et enfants-enfants qui peu à peu vont induire le besoin de « preuve » et de vérification. C'est dans ce cadre que l'observation présente tout son intérêt. L'enfant va observer en fonction du cadre qui lui est imposé par son questionnement. Les enfants exposeront ensuite les résultats de leurs investigations qui seront peut-être à nouveau source de questionnement.

Ravanis (2000), dans une recherche visant à l'initiation des enfants en âge préscolaire à la connaissance de la physique, analyse « *les rôles, les fonctions et les actions des enseignants et des élèves pendant les interactions didactiques en sciences physiques* ». Il distingue deux types d'interaction : la tutelle et la médiation. Dans le cadre de la tutelle, l'enseignant exerce une action sur l'élève en proposant des situations, des questions... en orientant les activités de l'élève et en les expliquant. En situation de médiation, l'enseignant est

> « *un intermédiaire d'une part entre le monde des connaissances et des pratiques scientifiques, et d'autre part, les élèves. Sa fonction est de négocier avec les élèves des changements cognitifs. Ces changements portent à la fois sur les questions à traiter, les dispositifs expérimentaux pertinents...* » (Ravanis, 2000).

Au cours des séances observées, ils constatent soit « *des épisodes purement tutoriels ou médiateurs, soit des procédures où nous constatons un jeu continu entre les interactions de tutelle et de médiation* » (Ravanis, 2000). Les situations ont été «*adaptées aux besoins cognitifs des enfants... nous avons trouvé cet équilibre entre tutelle et médiation très fécond* » (Ravanis, 2000). Dans le même registre, Filiatrault (1996) persuadée que la visite au musée est « *très profitable* » pour des enfants de 5-6 ans a élaboré un projet d'étude autour de deux approches didactiques utilisées lors de visites au musée. L'une des approches est dite « centrée sur l'enseignant (approche déductive) » et l'autre « *centrée sur l'enfant (approche inductive)* ». Finalement, il s'avère qu' « *il n'existe aucune différence due aux approches entre les résultats obtenus par les élèves ayant participé aux activités conçues selon l'une ou l'autre approche, en ce qui concerne l'apprentissage de concepts* » (Filiatrault, 1996). En revanche, elle constate « *que les élèves participant aux activités conçues selon l'approche centrée sur l'enfant manifestent plus de comportements révélant des habiletés intellectuelles que dans l'autre approche* ». Cette remarque revêt tout son intérêt lorsque l'on veut notamment

initier des enfants à la démarche scientifique. En effet, bien qu'au cours de l'initiation à la démarche scientifique, l'acquisition de concepts ne soit pas négligeable, ce sont bien des habiletés intellectuelles que l'on souhaite développer chez le jeune enfant.
Ces recherches mettent l'accent, d'une part, sur la démarche constructiviste et d'autre part, sur les différents stades de développement de l'enfant. Au cours de ces activités, les pré-conceptions des enfants sont identifiées par l'enseignant. L'élève est acteur, il analyse, traite et structure afin d'élaborer sa propre réponse. La substitution des anciennes conceptions par les nouvelles est un processus long, qui s'inscrit dans un contexte ayant un intérêt pour l'enfant et donc devant tenir compte de ses préoccupations (Giordan, Girault 1994). Ravanis, dans le cadre de la recherche citée précédemment met également en avant l'importance des interactions sociales et psychologiques du développement dans le cadre du fonctionnement cognitif.

> « *Les transformations de l'enfant, conditionnées par son activité dans le système des rapports sociaux, mobilisent non seulement un développement de ses facultés, mais aussi des changements fondamentaux dans la sphère des besoins et des motivations* » (Ravanis 2000).

En réponse à ce constat, il est de plus en plus souvent recommandé de réaliser un maillage plus étroit entre l'école et les organismes qui font la promotion des sciences en dehors du réseau scolaire[110]. Certains d'entre eux rassemblent

---

[110] Françoise Héritier-Augé (1991), Les musées de l'Éducation Nationale. Mission d'étude et de réflexion. Rapport au Ministre d'État, Ministre de l'Éducation Nationale. La Documentation française, Paris.

Jeannine Geyssant (mai 1999) Rapport d'étape au Ministre d'État, Ministre de l'Éducation Nationale de la Recherche et de la Technologie sur

un personnel bien formé au plan du contenu scientifique, parfois même des chercheurs, malheureusement trop peu de structures bénéficient de services spécialisés dans l'accueil de la petite enfance.
À l'inverse, aux Etats-Unis, on a très rapidement pris conscience de l'utilité de la prise en compte du jeune public dans les musées (exploratorium fondé en 1969 par le Dr Franck Oppenheimer, Natural History Museum of Los Angeles, Brooklyn children's Museum, Chicago children's Museum... ou bien plus récemment le Children Discovery Museum 1990)
En France, la première expérience significative de la prise en compte des jeunes dans les expositions est sans nul doute effectuée par le musée en herbe créé en 1975 par Sylvie Girardet, Claire Merleau-Ponty et Anne Tardy. Par la suite, le phénomène s'amplifie avec l'ouverture de la Cité des enfants à la Villette. Cependant, peu de Muséums d'Histoire Naturelle de province prennent en compte spécifiquement le jeune public.
Nous passerons en revue dans un premier temps les accueils classiques tels qu'ils sont proposés le plus souvent dans les musées : visites libres, guidées, ateliers, espaces enfants... puis dans un second temps, nous nous attacherons à deux exemples l'un au MNHN, l'autre au Science Center à Calgary, tous les deux mettant l'accent sur la formation du jeune visiteur.

2. L'offre muséale

Compte tenu du fait qu'il existe très peu d'écrits sur l'accueil des enfants de classes maternelles dans les musées,

---

la collaboration entre les établissements d'enseignement et les institutions muséales scientifiques.

nous avons réalisé en 1999 une enquête auprès de 35 musées d'Histoire naturelle de Province. Nous allons dans les lignes qui suivent, en présenter les principaux résultats.

2.1. Dans la majorité des structures contactées les classes de maternelles visitent librement le musée.

Les visites guidées ne sont proposées qu'à partir de 6 ans. Il est vrai, que pour des enfants très jeunes, la visite guidée ne semble pas être l'outil le plus adapté pour découvrir et s'approprier le lieu. Comme le signale Caravita (1993) à propos d'une étude menée en Italie, l'adulte qui guide le groupe a souvent tendance à imposer son rythme, rythme qui n'est pas toujours celui que choisiraient les enfants. Il ressort de cette étude que *« les adultes tendent à modifier le feed-back sensoriel et à influencer les comportements d'interactions avec les objets »*. Il est donc important de trouver un compromis entre la structuration de la visite et la liberté de découverte des lieux par les enfants. La façon dont se fait cette première découverte est très importante notamment pour les très jeunes enfants. C'est le moment où certains peuvent avoir peur des objets exposés, où ils se sentent un peu perdus dans l'espace et ont besoin d'être rassurés... C'est pourquoi il est souvent nécessaire de mettre en place un accueil du groupe avant la visite. Ce temps d'accueil spécifique pris en charge par l'animateur, permet d'affiner le contact avec l'enseignant et de répondre plus spécifiquement à ses attentes, de se présenter aux enfants, de présenter les lieux, l'animation, son déroulement... Ce type d'accueil est nécessaire quelque soit l'âge des enfants, mais est indispensable pour des tout-petits. Bien souvent cet accueil est réalisé pour les groupes qui ont réservé des animations avec un conférencier, mais tous les groupes, même ceux qui viennent en visite libre, devraient pouvoir bénéficier d'un accueil spécifique.

2.2. Organisation d'ateliers

Les ateliers sont des moments de manipulations, d'observations, de questionnements et sont le plus souvent proposés aux jeunes enfants. En effet, au cours de ces animations les enfants peuvent toucher, bouger, jouer, agir, écouter... ainsi, les caractéristiques du jeune public sont prises en compte : curiosité, imagination, spontanéité... Tous ces critères de plaisir, d'action, sont des éléments indispensables à l'apprentissage de savoirs et à la compréhension : une étude menée par le GREM[111] visant à l'élaboration d'un modèle didactique d'utilisation des musées à des fins éducatives montre que « *plus les activités exigent de la part des élèves-visiteurs une participation active plus grand est le progrès observé tant sur le plan cognitif que sur celui des attitudes envers le musée* » (Allard, 1993).
Les ateliers peuvent être envisagés sur plusieurs séances comme c'est par exemple le cas au Muséum de Dijon où il existe 16 thèmes d'ateliers qui peuvent s'étaler sur 2 à 8 séances pour certains d'entre eux (l'entrée du musée est gratuite pour les scolaires). Cependant sur ces 16 ateliers, 3 seulement sont destinés aux écoles maternelles comme par exemple un cycle sur le thème « les insectes : comportement et reproduction ». Les autres cycles thématiques sont destinés plus particulièrement aux grandes sections maternelles et CP et traitent des « 5 sens », « du jour, de la nuit et des saisons ».
Les ateliers peuvent se dérouler dans un espace de l'exposition ou dans une salle réservée à cet effet. L'animation est dans la majorité des cas, menée par un animateur du musée, mais la salle peut être également mise à la disposition de l'enseignant, comme c'est le cas au musée

[111] Groupe de Recherche Éducation et Musée (Université de Montréal).

Lecoq de Clermont Ferrand où cette formule existe dès les cycles 1 et 2 ; une documentation est mise à la disposition de l'enseignant : plan de la salle, description du matériel, notice avec suggestions d'utilisation et fiches pour les élèves .
Des initiatives très innovantes sont toutefois à remarquer. C'est le cas au Muséum de Grenoble qui, depuis octobre 2002, accueille des groupes d'enfants très jeunes de 2-3 ans, des crèches, des classes REP dans un atelier intitulé « *voir, toucher, entendre* ». C'est *une « séance d'approche sensorielle de la biologie... »* Les thèmes abordés sont la nutrition, les déplacements et la communication. L'activité a lieu autour d'objets à manipuler, de bornes auditives et de loupes. La durée de l'animation est fixée à 35 minutes.

2.3. Création d'un espace d'accueil spécifique

Il peut arriver qu'un espace particulier du musée soit accessible aux jeunes enfants. Au Musée d'histoire naturelle d'Orléans, « le musée des enfants » existe depuis 1989. Il a été conçu pour des enfants de 6 à 12 ans. Ce lieu à vocation pédagogique met à la disposition des enfants, et ce en accès libre, « un secteur collections », un secteur « documentation » et un secteur « laboratoire-atelier ». « *Les enfants peuvent observer, comparer, classer les objets de collection mis à leur disposition tout en ayant accès à la documentation correspondante... Ils peuvent également manipuler, dessiner, mouler... des objets au sein du laboratoire-atelier* » (bilan d'activités, 1989). Les enfants peuvent disposer de cet endroit qu'ils soient encadrés ou non. La capacité d'accueil est limitée à 30 personnes et les enseignants peuvent l'utiliser sur réservation, « *selon leurs propres perspectives pédagogiques* » ou « *selon un programme conseillé et établi par le musée* » (bilan d'activité 1989).

De même, au Muséum de Lyon, un espace découverte est mis en place depuis février 2001. Cet espace nommé « en tous sens »[112] est défini comme « *un lieu vivant et d'expérimentation. On y découvre des objets mais surtout on touche, on écoute, on sent. Dans un décor multicolore, le visiteur est appelé à entrer dans plusieurs mondes et par la voie de l'expérimentation, à découvrir les forces et les faiblesses de nos sens.... cet espace découverte ne répond pas évidemment à toutes les questions. Il laisse entrevoir cependant la complexité et les possibilités du toucher, du goût, de l'odorat...* ». Ces espaces se veulent le plus souvent être des lieux sensoriels, mais sont conçus la plupart du temps pour des enfants âgés de 6-7 ans.

Les salles réservées aux enfants présentent des thématiques variées. Au Muséum de Genève, il est prévu le coin des enfants : une famille de mésanges y a été filmée en direct, des projections de films animaliers y ont lieu également... A Nantes, il existe un espace de documentation ouvert aux enfants dès l'âge de 2 ans.

Ces lieux sont souvent utilisés par le public familial et utilisés par les visiteurs de façon très autonome. Ils sont conçus le plus souvent sur le principe « hands on » où l'enfant explore, tâtonne et tente de trouver par lui-même, des réponses à ses questions. J.M. Blais (1994) précise à ce sujet que « *l'interactivité n'est pas synonyme d'ordinateurs ou de gadgets électroniques... Ces salles contiennent davantage des média chauds, c'est à dire des composantes qui permettent de toucher, sentir, de regarder de près, d'expérimenter de manipuler... Les salles de découverte constituent un moyen ou une stratégie sur laquelle on peut compter pour permettre aux visiteurs de s'interroger sur ce qu'on lui présente et vivre une expérience unique* ». Pour compléter cette notion d'interactivité T. Lemérise (1994)

---

[112] http://www.museum-lyon.org

parle également de « *mind's on* » : « *un environnement qui invite à discuter, à faire des liens, formuler des hypothèses, élaborer, confronter...* », ce qui contribue « *au dévoilement et développement des théories naïves* » des visiteurs du musée.
La prise en compte des enfants dans les musées est très variable. Cela peut donc aller de la simple visite guidée à l'atelier, jusqu'à la mise en place d'un espace qui leur est particulièrement réservé. Mais bien souvent, ces activités, très prisées notamment par les enseignants, nécessitent au minimum un accueil, voire même une formation pour permettre à chacun une exploitation optimale des ressources en fonction de son projet.

3. Accueil et documentation destinés aux enseignants

3.1. Des ressources pour les enseignants

Différentes ressources sont fournies aux enseignants pour les visites au musée : ce peut être des malles pédagogiques, comme par exemple, au Muséum de Nantes. Elles sont destinées au cycle 1 et 2 et ont pour thème : les poils, plumes et écailles. Le plus souvent ce sont des documents pré et post-visites qui sont donnés aux enseignants. Les documents pré-visites sont des fiches de présentation des lieux incluant les aspects pratiques d'accueil, de réservation et la description des ateliers.
Pendant la visite, il est souvent proposé aux enseignants des jeux de piste mais ces derniers sont plutôt destinés à des enfants du primaire. Ces jeux ont l'avantage de rythmer la visite en insistant davantage sur l'observation des objets présentés : détails à retrouver, intrus à découvrir, dessins à compléter... mais le plus souvent, les enfants vivent la visite

comme « une course à la bonne réponse », et ne perçoivent pas l'exposition dans sa globalité.
Les documents post-visites peuvent permettre aux enseignants d'approfondir le sujet, une bibliographie peut être soumise à l'enseignant (livres, vidéo).
Ces documents post-visites sont importants car ils permettent à l'enseignant de donner en classe une suite à sa visite au musée. Une étude montre *« que la majorité des élèves ayant participé à des programmes éducatifs comportant une phase de prolongement à la visite au musée ont réalisé tant sur le plan cognitif que sur celui des attitudes envers le musée de meilleures performances que ceux ayant pris part à des programmes ne comportant pas cette étape »* (Allard, 1993).
Les 3 types de documentation n'existent pas forcément dans toutes les structures, la documentation la plus souvent proposée est la documentation pré-visite.
Les informations sont données aux enseignants par les services éducatifs des musées qui sont animés, dans la plupart des cas, par des professeurs détachés de l'Éducation Nationale[113]. Malheureusement, ces enseignants détachés connaissent le plus souvent mal, le jeune public car ils enseignent dans les collèges ou lycées. Ils n'ont pas la même formation pédagogique que des enseignants du 1er degré qui eux-mêmes parfois ne sont pas formés pour enseigner en classe de maternelle. On comprend pourquoi, dans ce contexte, il est très difficile de prendre en compte les très jeunes enfants dans les musées, surtout si on ne charge pas une personne formée spécifiquement à cette fonction.
C'est ce choix qui a été fait lors de l'agrandissement de l'équipe du Service de l'Action Pédagogique et Culturelle du Muséum national d'Histoire naturelle, au moment de la

[113] Cf dans le même ouvrage l'article de Jeannine Geyssant L'éducation nationale et les institutions muséales scientifiques.

rénovation de la Grande Galerie de l'Évolution, en 1994. En effet, une personne a été recrutée pour créer le secteur de la « petite enfance », les 5-7 ans dans un premier temps. Ce choix sous entendait un investissement financier important notamment dans les structures d'accueil des classes. Un espace, nommé « le petit théâtre », en dehors de l'exposition permanente, a été pensé et conçu spécialement pour accueillir des classes de la grande section maternelle au CE1. En parallèle, des ateliers pour le cycle 2, permettant d'introduire l'exposition permanente, ont été mis en place, testés et proposés aux scolaires dès 1995. Depuis ce jour, la fréquentation des classes de cycle 2 n'a cessé d'augmenter (cf tab 1).
Les informations concernant ces différentes activités sont bien souvent fournies aux enseignants au cours de permanences assurées les mercredis par les enseignants détachés ou bien au cours de journées portes-ouvertes .

Année scolaire	1995/ 1996	1996/ 1997 *	1997/ 1998	1998/ 1999	1999/ 2000	2000/ 2001	2001/ 2002*
Nbre de groupes accueillis	87	126	158	233	203	295	279

Tab 1 : Classes de cycle 2 accueillies en animation depuis l'année scolaire 1995/1996

* Application du plan vigipirate

Au Muséum national d'Histoire naturelle, nous avons proposé ce type d'accueil quelques mercredis dans l'année. Les enseignants qui se présentent à ces journées sont la plupart du temps déjà très sensibilisés au lieu et souhaitent savoir ce qu'il est possible d'y réaliser avec leurs classes. Ils attendent alors, à la fois une présentation très concrète des

outils mis à leur disposition, mais également un conseil pédagogique pour l'utilisation de ces outils. À ce jour, nous ne pratiquons plus ces accueils, le nombre de participants étant moindre si on considère le nombre de personnels mobilisés sur tout un après-midi.
Des stages peuvent être organisés à la demande des formateurs d'IUFM : ces stages sont destinés aux enseignants de primaire dans le cadre de la formation continue mais également pour des étudiants professeurs des écoles de 2e année. Le contenu du stage consiste en la présentation des outils, du lieu en fonction de la thématique choisie (botanique, zoologie...). Entre 1995 et 2001, 990 enseignants ont participé à ces stages .
Les enseignants participant à ces stages découvrent bien souvent pour la première fois l'existence des activités présentées. Ils sont, à cette occasion, en contact direct avec le personnel du musée qui répond à leur questionnement en relation avec le lieu (histoire des collections, taxidermie, muséographie...). Ce personnel est le plus souvent passionné par l'endroit, connaît ses spécificités et sa « politique ».
Parallèlement à cela, les formateurs de l'IUFM, présentent le musée comme un outil parmi tant d'autres. Les enseignants y sont formés dans une optique de pédagogie de projet ; ils interviennent pour aider les enseignants à trouver des pistes et des moyens d'exploitation en classe... Par conséquent ces deux structures semblent indissociables dans la formation des enseignants.

Cependant, les résultats des visites uniques ont des effets limités. Les acquis surtout au niveau des pratiques restent faibles. C'est pourquoi des structures s'engagent sur un travail de fond, parfois sur le long terme comme dans le cas des partenariats, et envisagent une approche différente du musée en s'attachant à la formation du visiteur qu'il soit enseignant ou élève comme c'est le cas au Muséum national d'Histoire naturelle ou qu'il soit parent, enfant, comme au Science Center de Calgary.

4. La formation du visiteur

4.1. La formation de l'enseignant et le partenariat

Partant du constat que la formation ponctuelle délivrée par le Musée ne suffit pas en elle même, et que l'enseignant doit nécessairement s'impliquer dans le projet pour obtenir des résultats plus concrets, le MNHN s'est attaché depuis la rentrée 1998, à ouvrir cet accueil à des classes de cycles 1, notamment dans le cadre de partenariat avec des classes REP[114]. Des ateliers ont été conçus et mis en place avec des enseignants de petites et moyennes sections maternelles. Entre Janvier 1999 et juin 2002, environ une vingtaine de classes de maternelles ont bénéficié de ce travail. D'autres stages sont mis en place dans un cadre de partenariat avec des REP. Ces stages se déroulent sur 2 jours et ont lieu au Muséum national d'Histoire naturelle depuis 1996.
C'est à cette occasion notamment que beaucoup d'enseignants témoignent de leur appréhension à pousser les portes d'un musée scientifique *a fortiori* s'ils ont des enfants en classes de maternelles.
Cette appréhension des enseignants face à l'enseignement des sciences se heurte à plusieurs obstacles : le « flou » qui règne depuis des dizaines d'années dans les instructions officielles « ... *bien des maîtres sont restés désorientés, d'autant que les consignes données localement par les inspecteurs de l'enseignement primaire ont été des plus*

---

[114] Les Réseaux d'Education Prioritaires ont été créés en 1999.

diverses » (Astolfi, 1995)[115]. Sur ce fait, se greffe un manque de formation quant à la discipline, *« se sentant peu à l'aise pour un tel enseignement, l'ayant mal intégré à leur formation personnelle, ils l'excluent facilement de leurs priorités, d'autant que la tâche leur paraît assez rude ailleurs, dans le contexte d'une hétérogénéité croissante des classes* »(Astolfi, 1995). Un autre obstacle peut être identifié c'est la méconnaissance de l'institution muséale. Dans le cadre de stage organisé au musée, le contenu est varié, adapté tous les ans notamment pour les enseignants qui suivent ce partenariat chaque année. Les thématiques abordées sont en relation avec l'historique du MNHN, la médiation muséale, la présentation des activités pour les classes, les visites des lieux ainsi que les visites des coulisses comme la taxidermie.

Les enseignants suivent ses stages avec intérêt et la plupart d'entre eux récidive chaque année . Selon F. Guichard (2000), cette participation des enseignants au stage leur *« permet à partir de contact avec des chercheurs passionnés, de se passionner eux-mêmes et par la suite de transmettre cet enthousiasme à leurs élèves, quels qu'ils soient* ». Cette motivation est d'autant plus importante dans le cadre du partenariat que nous attendons des enseignants, qu'ils nous transmettent, de retour en classe, des traces de leur travail. Ces comptes rendus nous permettent d'affiner en effet, d'une année sur l'autre ce jumelage. De plus l'impact du projet sur les enfants et la façon dont ils vont se l'approprier dépendra très fortement de la motivation de l'enseignant et du plaisir que ce dernier aura à travailler avec nous. Ce retour peut se faire par des réunions-bilan en fin d'année, par des contacts ponctuels au cours de conversations ou bien

[115] Pour une présentation actuelle des textes envisagés, cf dans le même ouvrage l'article de J.Geyssant : l'éducation nationale un partenaire privilégié des institutions muséales scientifiques.

par la rédaction d'articles dans des journaux locaux comme en témoigne un article dans le journal de la Zep[116] « *le jumelage avec le Muséum, mais quelle aubaine ! (...) Le bilan est très positif. Cette action a permis de renouveler notre intérêt pour la démarche scientifique. Cette opération nous a permis de rencontrer des scientifiques et d'établir des échanges très enrichissants sur le plan pédagogique et culturel. Les enseignants enthousiastes ont pu dans l'ensemble motiver leurs élèves et élaborer des plans de recherches pour mieux appréhender l'évolution. Le Muséum est à cet égard un outil pertinent. Il a donné aux enfants la possibilité de se questionner, de trouver des réponses et de se requestionner sur des sujets aussi vastes que la biodiversité, l'adaptation à un milieu, l'influence de l'homme sur son environnement. Très chers collègues, à vous de jouer pour faire vivre ce projet et permettre aux enfants de la Grande Borne de voir autre chose que les murs de leur cité ! ! !* »
Comme nous pouvons le constater ci-dessus ou d'après des entretiens que nous avons eu avec quelques enseignants, les objectifs des enseignants sont très variés[117].
Certains ont des objectifs plutôt culturels comme emmener les enfants aux musées car beaucoup d'entre eux n'iront peut-être plus jamais, d'autres ont des objectifs de savoirs ou encore de plaisir tout simplement... Lors d'un projet, ces objectifs évoluent et se combinent. Nous l'avons constaté lors de notre travail avec les enseignants de la ZEP de Grigny : une des enseignantes affirme que ses élèves, à l'issu du projet, sont prêts à aborder des questions de muséographie.

---

[116] journal de la ZEP Viry/Grigny-Grande borne, n°3 mai 97.
[117] Cf dans le même ouvrage l'article de Cora Cohen « Visite scolaire au musée : représentations d'enseignants en formation initiale en France et au Québec ».

Le partenariat avec le musée est en général, une nouveauté pour les enseignants qui y participent : ils ont l'occasion de travailler dans un nouveau lieu, avec de nouvelles personnes et ils conçoivent ainsi un « *nouveau travail avec de nouvelles méthodes* ». Au cours du projet, l'enseignant observe sa classe et chacun des enfants dans un contexte hors-classe. Il lui arrive parfois d'avoir une vision différente des enfants et d'autres liens se tissent alors.

Tous ces éléments contribuent à la motivation de l'enseignant qui la répercute sur son groupe classe.

À la suite de partenariats que nous avons mis en place au Muséum avec des classes de cycle 1 et 2, la grande majorité des enseignants nous annonce avoir changé leurs pratiques quant à l'enseignement des sciences dans leurs classes. Ils nous disent avoir l'impression *« d'aller plus loin »* dans la découverte du monde animal, ils se disent « *plus rigoureux* » dans la méthode de recherche documentaire, dans la méthode d'investigation et surtout *« laissent une grande place au questionnement, à l'émission d'hypothèses et partent davantage des remarques des enfants »*. Ils ont l'impression d'avoir « *dépassé le domaine affectif* » de l'enfant face au règne animal.

Enfin, pour la majeure partie d'entre eux, ces activités menées en classes à la suite d'une visite au musée contribuent réellement à la construction de savoirs et à la construction de savoirs-faire.

4.2. La formation de l'élève-visiteur

Toujours dans ce contexte de partenariat, C.Cohen (2002) dans le cadre de sa recherche s'est également intéressée à la formation du jeune visiteur. Pour cela elle a mis en place des séries de visites à la Grande Galerie de l'Évolution avec des classes de cycle 3, pour travailler sur ce que Girault (1999) nomme les clés de lecture de l'exposition. Ce travail consiste

à découvrir l'objet muséal et sa mise en scène dans l'exposition : les objets ne sont pas placés au hasard ni dans n'importe quel cadre : l'ensemble contribue à faire passer un message que le visiteur décode en fonction de son vécu, de son savoir...
L'expérience a été menée jusqu'à présent avec des élèves de cycle 3, et nous avons tenté de la mener avec des enfants de grande section maternelle. Les enfants avec qui nous avons travaillé sur ce projet sont originaires du REP de Grigny avec qui nous sommes en partenariat depuis la petite section maternelle. Ils avaient déjà participé durant 2 années de suite à un projet avec le Muséum (cf note 1). Si nous avons tenté cette expérience c'est aussi, tout simplement, parce que l'enseignante, qui a suivi cette cohorte d'enfants depuis le début, les a sentis prêts à participer à cette aventure.
Le projet se décompose de la façon suivante : une première rencontre des élèves en classe pour récolter de façon très informelle leurs conceptions sur le musée, puis une première visite de la Grande Galerie de l'Évolution suivie d'une visite en taxidermie. En effet, nous avons pu noter que la notion de naturalisation pose beaucoup de problèmes de compréhension : une confusion s'installe entre animal mort / vivant, vrai/faux. Ce qui est mort est le plus souvent qualifié de faux et réciproquement. Les animaux morts pour les enfants sont couchés et les yeux fermés... Nous devons donc prendre notre temps et mettre en place des éléments forts comme la visite en taxidermie, pour que ces obstacles puissent être à un moment donné dépassés de façon à ce que les enfants se questionnent sur la mise en scène de l'objet et non plus uniquement sur sa nature.
Cette mise en scène de l'exposition est abordée lors de notre troisième rencontre ; cette fois les enfants visitent les milieux marins de la Grande Galerie de l'Évolution et ont pour consignes de décoder les « devinettes » mises en place par les concepteurs pour nous raconter une histoire. « Devinette »

est le mot que nous avons choisi plutôt que clés de lecture. La dernière visite est effectuée dans un lieu du Muséum que les enfants ne connaissent pas encore : la galerie de Paléontologie. L'objectif de cette dernière visite est de voir si les enfants vont réinvestir la démarche que nous avons tenté d'approcher au cours des séances précédentes : les enfants vont-ils tenter de décoder, voire même de lire, cette nouvelle exposition ?

D'après le compte rendu de l'enseignante, *« les enfants arrivent en paléontologie, ils semblent à l'aise, l'inconnu des lieux ne les trouble pas. Dans un premier temps, ils découvrent, aidés par l'adulte, les différences entre un moulage, une maquette et des ossements réels. Très vite ils semblent faire la différence et utilisent les écrits pour retrouver le mot « moulage ». Ils observent les panneaux d'affichage, les vitrines « c'est pour protéger les vraies dents et les vraies cornes », ils supposent que les muséologues ont rangé les animaux du plus vieux au plus récent, que les carnivores sont du côté gauche et les herbivores à droite, ils pensent aussi que les animaux ont été finis avec du bois, du fer et du polystyrène... Ils comparent les mammouths aux éléphants : les défenses courbes, la forme du crâne : « il ressemble au crâne de Siam*[118] *». Ils remarquent que la patte du mammouth est naturalisée, que le mammouth avait de longs poils : « c'est qu'il vivait dans les pays froids, peut être au pôle nord ».*

« Après une heure de visite, les enfants ont eu du mal à quitter les lieux. Ils ont été très concentrés, très intéressés, pertinents avec un bon esprit d'entraide avec beaucoup de respect pour le lieu. Ils ont bien souvent fait référence à leurs

---

[118] Siam est l'éléphant d'Asie que les enfants ont vu en cours de naturalisation lors de leur visite en taxidermie. De cette rencontre est né un livre que les enfants ont réalisé.

visites antérieures en taxidermie, à la GGE et sont restés dans la démarche de lecture et de questionnement. »

4.3. La formation des parents-visiteurs

Sammons (1995) dans le cadre de la conception d'une exposition destinée aux enfants et à leurs parents et enseignants, part du constat que l'intérêt que l'on a pour les sciences remonte à l'enfance et que bien souvent, des années plus tard, des attitudes réfractaires vis à vis des sciences sont mises en avant. Elle se pose alors la question du rôle du Science Center pour modifier ces attitudes. Bien entendu, elle défend ce principe du « hands on » dans le cadre d'un apprentissage scientifique dans la mesure où les espaces réservés à cet effet sont *« des aires d'exploration et d'expérimentations modulables... La théorie par le jeu fait appel non pas à des activités inintelligentes, mais plutôt à des activités réfléchies, provocatrices et intrinsèquement motivantes ».* De même, elle se réfère à de nombreuses recherches (Chobot et Chobot 1990, Cohen F. 1989) pour avancer l'idée que si les musées ont des objectifs de savoirs, ces derniers ne sont pas souvent atteints : *« les concepteurs d'expositions doivent davantage connaître le visiteur s'ils veulent produire des exhibits efficaces et motivants, susceptibles de faire appel aux facultés affectives et cognitives du visiteur et d'éveiller l'étudiant chez l'adulte ».* Elle fait également référence au fait que « *la plupart des interactions initiées par l'enfant sont à l'origine de la plupart des participations familiales* », ce qui la pousse à mettre en place une expérience fort intéressante au Science Center de Calgary : une formation des adultes, et dans ce cas précis, des parents. Cette formation est proposée dans le cadre de l'exposition « working wonders ». Elle a notamment pour objectif de convaincre les parents que

l'apprentissage des sciences peut avoir une note bénéfique dans la vie de leurs enfants.
Une formation spéciale est donc proposée aux parents durant l'exposition. Dans le cadre de cette formation, on leur présente les différentes théories sur l'apprentissage des sciences des jeunes enfants et l'importance de l'approche « hands on ». Pour les parents accompagnés d'un de leurs enfants, un animateur les guide dans la pratique de quelques activités.
Les documents qui accompagnent l'exposition sont destinés aux parents. Ils sont centrés sur l'apprentissage des sciences des enfants et les objectifs visés par les différentes activités y sont présentés. Ils peuvent aussi proposer des expériences simples à réaliser chez soi.
L'apprentissage informel des sciences dans un cadre extrascolaire peut influencer une attitude positive de l'enfant envers les sciences. Le comportement des parents qui influence celui des enfants peut également aller dans ce sens.

Conclusion

On peut, à l'issue de cette étude, constater un effort de la part des musées pour accueillir le jeune public, mais on doit déplorer le manque d'évaluation concernant l'impact des activités sur ce public.
Cependant, il est très difficile d'évaluer, même dans le cadre d'un partenariat, ces activités. On ne peut que constater ou ressentir des résultats très divers (savoir, savoir-faire, savoir être,...) et il est impossible de savoir ce qui émane réellement du musée car beaucoup de facteurs interviennent. Les résultats sont parfois inattendus et sortent même du cadre scolaire pour gagner la famille.
De nombreux enseignants témoignent de l'implication des familles dans le cadre de ces partenariats. Ce sont les

enseignants qui suivent le partenariat depuis plusieurs années qui constatent que l'intérêt des familles pour le projet grandit avec le temps. Les parents aident les enfants dans leur recherche documentaire à la maison, ils retournent en famille sur les lieux visités en classe et quelquefois, fournissent aux enseignants les photos réalisées à cette occasion. Ils se rendent de plus en plus nombreux à l'exposition des travaux de fin d'année...

Tous ces constats sont des arguments supplémentaires qui montrent, s'il en était encore besoin, l'importance du travail sur le long terme.

Le partenariat, la formation du visiteur, sont peut-être des pistes à exploiter davantage dans les services éducatifs des musées si nous souhaitons que les jeunes enfants poussent un jour la porte de nos musées avec une réelle spontanéité , c'est à dire sans y être tirés par leurs parents ou leurs enseignants, sans que finalement on le décide à leur place.

Bibliographie

Allard M. Lefebvre B., (1996) Les habiletés intellectuelles mises en œuvre au musée *in* le Musée un projet éducatif, Allard, Lefebvre (dir.), les éditions Logique.

Allard M., (1993) Le musée comme lieu d'apprentissage, vie pédagogique n°84, Montréal.

Astolfi JP., (1995) Quelle formation scientifique pour l'école primaire ?, Didaskalia n°7, pp. 105-112.

Blais JM., (1994) L'exposition interactive comme élément d'apprentissage, *in* L'éducation et les musées, Lefebvre (dir.), édition Logique, pp. 185-192.

Caravita S., (1993) Favoriser les découvertes de l'enfant dans un musée de sciences, La lettre de l'OCIM, n°26, pp. 16-23.

Chobot MC. et Chobot PB., (1990) Muséums as Éducational Institution. Éducation Through Community Organizations-New Directions for Adult and continuing Education, Ed. par M.W. Galbraith, San Francisco, CA, Jossey-Bass, n°47, pp. 55-62.

Cohen C., (2002) Quand l'enfant devient visiteur : une nouvelle approche du partenariat école-musée, édition l'Harmattan, 218 p.

Cohen F., (1989) Fostering Shared Learning Among Children and Adults : The Children's Muséum. Young Children, pp. 20-24.

Coquidé-Cantor M.,Giordan A., (1997) L'enseignement scientifique à l'école maternelle, Z'éditions, 248 p.

Dolle JM. (1991) Pour comprendre Jean Piaget, éd Dunod.

Filiatrault L., (1996) Les enfants de la maternelle et le musée *in* Le musée un projet éducatif Allard, Lefebvre (dir.), éd Logiques, pp. 99-108.

Giordan A. Girault Y., (1994) Les aspects qualitatifs de l'enseignement des sciences dans les pays francophones. Institut international de planification de l'éducation UNESCO 172 p.

Girault Y., (dir. 2000) Prise en compte des intérêts des élèves dans le cadre de l'appropriation des savoirs scientifiques dans les espaces muséaux. Rapport de recherche, Comité National de la Recherche en Education, 317 p.

Girault Y., (1999) L'école et ses partenaires scientifiques. *In* L'école et ses partenaires scientifiques. Girault Y., Darot E. (Eds). Aster n° 29, pp. 3-8, INRP, Paris, 236 p.

Guichard F., (2000) Une dynamique de formation au Muséum, *in* Prise en compte des intérêts des élèves dans le cadre de l'appropriation des savoirs scientifiques dans les espaces muséaux. Rapport de recherche, Comité National de la Recherche en Education. Girault Y. (dir.). pp. 237-257.

Lemérise T., (1994) Le musée : un environnement favorable au développement des théories naïves chez les élèves, *in* L'éducation et les musées, Lefebvre (dir.), éd Logique, pp. 169-183.

Merleau-Ponty C., (2000) Les 25 ans du Musée en herbe, un anniversaire pour parler de médiation, La lettre de l'OCIM n°72, pp. 3-9.

Merleau-Ponty C., (2000) Les enfants dans les musées : encore un petit effort, La Lettre de l'OCIM n°72, pp. 10-18.

Noé F., Corfdir M., (2002). Les aventures de Siam, Argos n°31, pp. 16-20.

Noé F., (2001) Au Musée quand on a trois ans, Argos n°27, pp.23-26.

Piaget J., (1970) L'épistémologie génétique, collection Que sais-je, éd. PUF, 123 p.

Ravanis K., (2000) La construction de la connaissance physique à l'âge préscolaire : recherche sur les interventions et les interactions didactiques in Les sciences de 2 à 10 ans, Aster n°31, pp. 71-93.

Sammons K., (1995) Favoriser une culture scientifique chez les enfants par des expositions stimulantes, La Lettre de l'OCIM n°42, pp. 25-29.

L'accueil des enfants handicapés dans les musées scientifiques

Sandrine Naveau-d'Eggis[119], Catherine Coulon[120]

1. Quelques chiffres sur le handicap

Si le nombre de personnes atteintes d'un "handicap sévère" en France est généralement estimé à 1,8 million – soit environ 3% de la population[121], plus de 40% de la population "rencontre dans la vie de tous les jours des difficultés, qu'elles soient physiques, sensorielles, intellectuelles ou mentales", selon l'enquête Handicaps-Incapacités-Dépendance réalisée à la fin de 1999 par l'Insee[122]
Parmi ces personnes, plus de 8 millions (13,4% de la population) souffrent de déficiences motrices (qui peuvent aller du simple rhumatisme à une grande paralysie, 150 000 personnes environ étant tributaires d'un fauteuil roulant), près de 7 millions (11,4%) de déficiences sensorielles. Ces dernières incluent les personnes ayant des déficiences visuelles et/ou auditives. Parmi elles, 800 000 portent un appareil auditif et entre 50 et 80 000 utilisent la langue des signes française (LSF) comme moyen essentiel de

[119] Chargée des publics handicapés au Muséum national d'Histoire naturelle de 1996 à 2001.

[120] Chargée des publics handicapés au Muséum national d'histoire naturelle à partir de 2001.

[121] Dossier de presse Conseil national consultatif des personnes handicapées, ministère de l'Emploi et de la Solidarité, 25 janvier 2000.

[122] Mormiche, P. Le handicap se conjugue au pluriel, INSEE Première, 2000 n° 742, Division des Enquêtes et études démographiques, Groupe de projet HID (Handicaps-Incapacités-Dépendance).

communication. 3,1 millions de personnes en France déclarent avoir une atteinte visuelle, dont 225 000 souffrant d'une cécité partielle et 55 000 souffrant d'une cécité complète. Il est difficile d'estimer des chiffres précis concernant le handicap mental, car les statistiques sont souvent liées aux structures (nombre de personnes accueillies dans un établissement médico-éducatif ou médico-social) et aux allocations (nombre de personnes inscrites auprès d'organismes délivrant des allocations, comme la COTOREP), excluant donc toutes les personnes n'étant pas identifiées comme handicapées auprès d'un organisme ou d'une institution quelconque. Les données de l'enquête INSEE Première indiquent 6,6% de la population française, et nous savons qu'il existe en France 1 213 établissements d'éducation spéciale pour enfants déficients intellectuels (sur un ensemble de 3 282 établissements et services médico-sociaux en faveur d'enfants et d'adolescents handicapés, tous handicaps confondus)[123] (cf. *tab. 1*).
La déclaration universelle des droits de l'homme stipule le droit à l'éducation et à la culture pour tous. Cette déclaration est confirmée par l'UNESCO en 1948. Pourtant, les personnes handicapées ont toujours du mal à faire valoir leurs droits et encore trop peu de musées leur sont accessibles. Mais qu'entend-on par accessibilité ? Claude Gilbert (1999), chargée de mission auprès des personnes handicapées à la Direction des Musées de France, distingue deux types d'accessibilité :
« l'accessibilité c'est tout d'abord les dispositions relatives à l'aménagement et à l'architecture des bâtiments [...]. Or, la médiation culturelle joue également un rôle déterminant. Par accessibilité dans ce domaine, on entend produits et services

[123] Source : Mnistère de l'Emploi et de la Solidarité, chiffres UNAPEI, 1996.

adaptés, informations sur les activités proposées et tarification ».

Déficiences motrices	**Déficiences sensorielles**			**Déficiences mentales**
13,4% de la population	11,4% de la population			6,6% de la population
	Déficiences visuelles	Déficiences auditives		
Dont 150 000 en fauteuil roulant	3,1 millions de personnes déclarent avoir une atteinte visuelle	800 000 personnes portent un appareil auditif	Entre 50 000 et 80 000 personnes utilisent la LSF	Dont 1 213 établissements d'éducation spéciale pour enfants déficients intellectuels

Tab. 1 – Récapitulatif des données de l'enquête "handicaps-Incapacités-Dépendance"

2. Historique et situation de la prise en compte des personnes handicapées dans les musées

Raj Kaushik (1999) rappelle que les États-Unis ont été les précurseurs en matière d'accessibilité : *"dès les années 70, les musées américains ont fait de véritables efforts pour attirer les handicapés, et l'idée d'être accessible à ces derniers a été saluée par le monde entier".*

En réalité dès 1961, l'American National Standard Institute édite les premières directives pour les bâtiments accessibles. En 1973, la loi de réadaptation exige que tous les établissements publics rendent leurs programmes et

équipements accessibles aux personnes handicapées.[124] En 1990, les État-Unis décrètent la première loi complète sur les droits civiques des personnes handicapées : the American with Disabilities Act (ADA). Cette loi interdit l'exclusion des personnes handicapées des activités de loisirs.
En France, sous la pression des personnes handicapées une loi d'orientation a été votée le 30 juin 1975. Cette loi institue l'obligation d'accessibilité à tous les lieux publics. Le Royaume-Uni met en place en 1995 un texte de loi relatif à l'accueil physique et intellectuel des personnes handicapées dans les musées. Rebecca Mac Ginnis affirme (1997) « *que les Musées doivent user de cette loi pour l'avantage de chacun* ». Tous les musées anglais ont jusqu'à 2004 pour trouver des solutions raisonnables pour être accessibles à tous.

Il faut néanmoins souligner le fait que, si des lois sont passées, cela ne signifie pas pour autant que l'accessibilité est une affaire réglée. En effet, il faut encore bien souvent une démarche volontaire des personnes handicapées elles-mêmes pour que les musées leur ouvrent leurs portes. Annie Delin (1997) remarque que, dans la plupart des musées australiens, malgré la loi (The Australian Disability Discrimination Act), *"c'est suite à une demande de la part de personnes handicapées que des mesures sont prises. C'est à partir de ces réclamations que le musée commencera à travailler aussi souvent que possible avec des personnes handicapées pour adapter ses activités"*. Le problème, en Australie, vient du fait que les associations de personnes handicapées ne sont pas assez exigeantes en ce qui concerne l'application de la loi, et ce constat est le même pour de nombreux pays.

---

[124] On trouve sur le site de l'Association of Science-Technology Centers (ASTC) les grandes dates concernant l'accessibilité des musées américains.

Une étude sur l'accessibilité des musées scientifiques américains faite en 1997 par Sally Middlebrooks (1997) de l'Association of Science-Technology Center (ASTC) montre bien à quel point la loi est difficile à faire appliquer. L'étude[125], basée sur des entretiens téléphoniques, porte sur 25 établissements membres de l'ASTC (11 centres de sciences, 5 musées d'histoire naturelle, 3 musées pour enfants, 1 zoo, 3 jardins botaniques, et 2 aquariums). L'objectif était d'étudier la manière dont les musées de sciences accueillent des personnes handicapées et adaptent pour elles les activités. Une première étude avait été réalisée en 1992 à l'issue de laquelle le conseil d'administration de l'ASTC avait remarqué que beaucoup de musées de sciences faisaient des efforts en matière d'accessibilité mais que beaucoup restaient encore à faire. Cinq ans après, en dépit d'une certaine progression, un travail important reste à effectuer.

Les bâtiments nouveaux ont fait l'objet d'efforts considérables en matière d'accessibilité. La rénovation ou la création d'un bâtiment est vue comme l'occasion de rendre le musée accessible, mais les efforts sont alors concentrés uniquement sur l'accessibilité physique. Or, il faut signaler que seulement 3% des 49 millions d'Américains handicapés emploient des fauteuils roulants. Par conséquent, quand l'accessibilité est limitée à la possibilité d'accéder au musée en fauteuil roulant, 97% de la population des personnes handicapées est ignorée. Dans un deuxième temps seulement, les musées vont investir dans des technologies permettant l'accès des personnes sourdes et malentendantes. En revanche, les efforts sont moindres en direction des personnes aveugles et malvoyantes.

L'étude a mis au jour le fardeau apparent que représente financièrement l'accueil des personnes handicapées pour certains musées. Ceux-ci acceptent de mettre en place un

[125] Cette étude est résumée sur le site internet de l'ASTC (www.astc.org).

accueil spécifique uniquement quand celui-ci est réclamé par les personnes handicapées. Bien que les personnes interviewées aient lu the American with Disabilities Act, peu d'entre elles se rendent compte que ses implications sont plus complexes et importantes que ce qui est réalisé.
En Grande-Bretagne, une étude récente (2001) réalisée par le "Council for Museums, Archives and Libraries" démontre que les musées ont encore du chemin à faire pour rencontrer tous les besoins des personnes handicapées (Martin, 2002). En effet, malgré la prise de conscience générale récente de la nécessité d'améliorer les services en direction de ces personnes, et malgré de nombreux efforts fournis, la démarche d'accessibilité repose encore trop sur des initiatives individuelles et non sur des volontés politiques générales d'établissements. D'autre part, les musées britanniques attachent encore trop d'importance à l'accessibilité physique des bâtiments (ce qui est déjà considérable, si on compare la situation à d'autres pays comme la France), au détriment des personnes présentant des déficiences sensorielles, mentales ou psychiques. Ainsi, sur les 8,7 millions de personnes handicapées estimées en Grande-Bretagne, 95% (représentant toutes les personnes n'étant pas en fauteuil roulant) tendent à être plus ou moins exclues de ces efforts pourtant déjà considérables. Face à ce problème, Caroline Lang, conseillère en éducation, accessibilité et développement des publics à "Ressource", a formulé, en collaboration avec des membres du groupe ayant eux-mêmes un handicap, un plan d'action visant à développer une accessibilité plus complète et réaliste dans les musées britanniques[126].

En France, une enquête menée en 1989 par Francis Ribemont et Claude Gilbert (1990) auprès de plus de 1 000 musées a montré (sur 1/3 de réponses) que :

---

[126] DCMS access policy, 1999 (Site Internet : www.museums.gov.uk).

- 124 musées offrent des facilités d'accès aux handicapés moteurs
- 148 musées s'adaptent aux aveugles
- 76 musées proposent des visites pour les sourds
- 131 musées proposent des ateliers aux handicapés mentaux.

Francis Ribemont et Claude Gilbert remarquent qu'à cette époque, l'accueil des personnes handicapées se fait à la demande, le jour de fermeture du musée le plus souvent. La visite est commentée par un conférencier des Musées nationaux sensible aux aspects spécifiques des handicapés.

Depuis, de plus en plus de musées en France essayent de proposer des activités accessibles, soit de manière spontanée, soit en prévoyant des adaptations en amont.

Or, malgré cet essor nouveau des actions menées en matière de prise en compte des personnes handicapées, et malgré la loi de 1975, l'on constate, à la fin des années 1990, « *qu'il reste beaucoup de chemin à parcourir, même si depuis une vingtaine d'années les conservateurs et les services pédagogiques sont de plus en plus sensibilisés à ce problème* » (Gilbert, Sanchez 1997).

Seule, une avancée tangible dans le domaine politique permettra aux personnes handicapées d'avoir un réel accès à la culture. Depuis l'annonce, le 25 janvier 2000, devant le Conseil national consultatif des personnes handicapées (CNCPH), d'un plan gouvernemental en faveur des personnes handicapées, et plus spécifiquement depuis l'instauration en mai 2001 de la Commission nationale "Culture et Handicap" [127] par le Ministère de la Culture et de la Communication, les actions menées par les différents ministères ainsi que la mobilisation commune des établissements culturels ont pris un essor nouveau. Le travail

---

[127] Arrêté du Journal Officiel du 1er février 2001.

en réseau des musées notamment se renforce et devient plus systématique ; les objectifs fixés sont l'échange de savoir-faire en matière d'accessibilité des musées et d'accueil des personnes handicapées, l'harmonisation des propositions en faveur de ces publics et une communication des informations plus efficace et cohérente.

3. L'accueil des enfants handicapés dans les musées

3.1. L'accueil ponctuel et spontané des enfants

La plupart des textes qui concernent l'accueil des enfants handicapés évoquent une expérience ponctuelle, menée par le musée avec une école de la région. En général, ce sont les écoles qui sollicitent une ou plusieurs visites au musée, et face à ce cas isolé, les responsables font tout leur possible pour répondre à cette demande.
Par exemple, dans le cas des écoles recevant des enfants déficients visuels, il s'agit de pouvoir toucher les objets des collections. Plusieurs muséums français ont répondu à cette demande.
En 1992, Erik Gonthier (1992) a organisé au Muséum national d'Histoire naturelle de Paris dans le cadre de l'exposition : "L'âge du Silicium", des visites pour les personnes malvoyantes grâce à des aides techniques leur permettant d'utiliser leurs "restes visuels" pour comprendre l'exposition.
Au Musée d'Histoire naturelle de Lille, Sophie Beckary (1996), conservatrice, décrit une expérience faite avec des jeunes malvoyants sur deux mois : *"jusqu'à présent, les gardiennes proposaient d'ouvrir les vitrines pour faire toucher les animaux, mais il y a eu, de la part du service pédagogique, une volonté d'aller plus loin"*. Sept élèves de CM1 ont participé à une animation sur plusieurs demi-

journées durant lesquelles les enfants ont pu toucher des animaux du Muséum, visiter l'atelier de taxidermie et travailler sur le mouvement au sein d'une ferme pédagogique. Cette opération n'a pas eu de suite, par manque de moyens et manque de personnes motivées au sein de l'établissement.

À Tours, dans le cadre d'une importante manifestation : "De la pierre brute à la pierre sculptée" qui associait cinq établissements dépendant du Service des activités culturelles, le Musée d'Histoire naturelle a organisé une visite tactile pour tous les publics sur le thème : "la pierre brute". Cette exposition a été réalisée avec l'aide de personnes aveugles et malvoyantes afin qu'elle leur soit complètement accessible, aussi bien au niveau des objets que de la muséographie (cartels en braille et gros caractères, systèmes de repérage dans l'espace...). Sophie Join-Lambert (1997) fait le bilan qualitatif d'une expérience restée ponctuelle et décrit les conditions de visite, ainsi que la création d'un coffret-catalogue dont le contenu illustré développe les aspects scientifiques. Cette opération, qui n'a pas été renouvelée (le Muséum n'accueille plus de personnes déficientes visuelles), avait la particularité d'avoir été conçue pour des personnes déficientes visuelles et d'être accessible tactilement par tous les publics.

Une expérience un peu différente a été réalisée au Muséum du Havre[128]. Le conservateur de ce musée a élaboré, à la demande de deux établissements spécialisés dans le handicap visuel de Seine-Maritime (classe de non-voyants et malvoyants), deux malles pédagogiques dont le contenu, sélectionné pour son intérêt tactile, représente un véritable

---

[128] Lettre d'information du Muséum d'histoire naturelle du Havre, n°16 (Juillet 1996) et n°18 (Mars 1997).

mini-muséum transportable. La malle contient des échantillons de roches, des fossiles, des coquillages, des animaux naturalisés, le tout accompagné d'étiquettes en braille et en gros caractères. Cette sélection d'objets a été faite en étroite relation avec les professeurs. Ces mallettes sont très utiles pour les professeurs car, en biologie, le matériel pédagogique est habituellement basé sur l'observation et il est souvent difficile pour les institutions spécialisées de trouver le matériel adapté au handicap de leurs élèves.

La plupart des musées scientifiques accueillent des groupes de jeunes handicapés mentaux. Cet accueil se fait de manière empirique : la plupart du temps, ce sont les animations destinées aux jeunes enfants qui sont adaptées en fonction de l'âge et du degré de handicap des visiteurs. Il s'agit donc plutôt d'une adaptation ponctuelle et globale qu'un réel travail d'adaptation - pensé en amont - de la médiation.
Un projet intéressant – car il s'inscrit dans la durée - est celui qui a été mené par le Muséum d'Histoire naturelle de Dijon avec des adolescents de l'IME [129] de la Rente de Bel Air dirigée par Mme Tardy, professeur des écoles. Les jeunes de l'IME sont en grande difficulté scolaire, et sont porteurs de handicaps moteurs. L'IME retrace sa démarche dans "le canard du Muséum" (1998). Il s'était fixé trois objectifs pour ce partenariat avec le Muséum :
- utiliser des outils informatiques nouveaux
- avoir une ouverture sur le monde extérieur
- à partir des collections du muséum, les amener à connaître et débattre des problèmes de notre environnement.
Un atelier propose à ces élèves, une fois tous les quinze jours, d'aborder des thèmes d'actualité sur l'environnement, par la

[129] Les IME (Institut Médico-Educatif) assurent des soins et une éducation spéciale aux enfants et adolescents de 3 à 20 ans atteints de déficience à prédominance intellectuelle.

création de panneaux documentaires puis d'un CD ROM interactif. L'outil informatique, ludique et bien adapté aux possibilités individuelles, fait entrer en jeu toutes sortes d'acquisitions scolaires. L'objectif principal de ce projet est l'insertion des jeunes en difficulté par le biais de la diffusion de la culture scientifique et technique. Le Muséum apporte aux jeunes les ressources scientifiques à la base de leurs réalisations. Les jeunes s'inspirent des collections vivantes et naturalisées, des expositions permanentes et temporaires, ainsi que des ouvrages de la bibliothèque du Musée.

D'autres musées sont allés jusqu'à faire participer des enfants déficients visuels au montage d'une exposition, notamment en les impliquant dans les phases de test pour l'accessibilité tactile, olfactive et sonore des objets exposés. C'est le cas du Musée Zoologique de Strasbourg où une exposition multisensorielle d'environ 400 mètres carrés ("Je touche, tu vois, nous découvrons les animaux") s'est tenue en 2001 et dont l'objectif principal était d'initier les enfants aux principes de classification des vertébrés, à travers la diversité du monde animal. Au sein de cette exposition, il était permis de toucher, mais aussi d'entendre et de sentir les spécimens, maquettes tactiles et dispositifs sonores et olfactifs conçus pour l'occasion (Galico, 2000). En parallèle, une salle de "sensibilisation" du public présentait une série de photos illustrant les troubles de la vision ainsi qu'une collection d'objets utilisés au quotidien par les personnes aveugles.
L'originalité de cette démarche réside dans la volonté de concevoir une exposition en priorité destinée aux enfants non-voyants plutôt que d'adapter une exposition initialement conçue pour un public voyant, l'un des objectifs de cette exposition ayant d'ailleurs été de mettre en relation le public non-voyant et voyant.
Afin que l'adaptation de cette exposition se fasse de la manière la plus réaliste possible, des enfants non-voyants du

Centre Louis Braille de Strasbourg ont participé à l'élaboration du projet. Pour préparer l'exposition, plusieurs ateliers ont été organisés avec les enfants du Centre pour mieux connaître leurs représentations du monde animal mais aussi du musée (Galico, 1998).
Différents outils et techniques leur ont été proposés dans le cadre de 16 ateliers :
- des questionnaires pour cerner les connaissances des enfants et leurs représentations,
- des récits et histoires avec des animaux qui ont permis d'introduire dans l'exposition des éléments familiers,
- des dessins et modelages qui devaient être exposés.

De nombreux aspects ont été étudiés à l'occasion de ces ateliers, allant des ambiances musicales à la présentation des textes accompagnant les maquettes.
Ce travail en amont est une expérience originale qui a placé les enfants au centre du dispositif muséologique.

3.2. L'accueil organisé

Les expériences décrites précédemment, malgré la qualité de nombre d'entre elles, n'ont qu'une durée de vie limitée et dépendent souvent de la volonté de personnes isolées. Elles ne s'inscrivent pas dans une réelle politique d'accueil global des personnes handicapées.
Certains musées ont toutefois fait la démarche de mettre en place un accueil réellement spécifique pour différents types de handicaps. Bien souvent, ces musées se concentrent sur un type de handicap, et réalisent pour les personnes présentant ce handicap une accessibilité réelle. Dans ce cas-là, ce ne sont pas les écoles spécialisées qui font une démarche en direction des musées, mais, au contraire, le musée les informe des aménagements spécifiques.

3.2.1 L'accueil des personnes ayant une déficience visuelle

Le travail avec les personnes handicapées visuelles demeure encore prépondérant dans les musées français. La réflexion a débuté de manière ponctuelle dès la fin des années 1940 car le public handicapé visuel est porteur du paradoxe de la confrontation à l'objet de musée sans la vision (Claude Gilbert, 1999).
Le moyen le plus universel d'accéder aux collections d'un musée quand on ne possède pas la vue est le toucher. En effet, si certaines personnes devenues récemment aveugles hésitent à se servir de ce sens qui ne fait pas partie de leur culture, pour la plupart des enfants aveugles et malvoyants, le toucher reste le moyen le plus facile et le plus efficace d'appréhender un objet. Si le toucher reste le moyen d'accès universel, le musée doit tenir compte dans ses aménagements des différents types de handicaps visuels. Par exemple, les cartels en braille ne permettront qu'aux personnes aveugles de naissance d'accéder à l'information. En effet, les enseignants tentent d'exploiter au maximum « les restes visuels » de leurs élèves malvoyants et préfèreront bien souvent un texte en gros caractères. Les non-voyants nés ne comprendront pas bien les références aux couleurs, contrairement aux non-voyants récents qui auront par ailleurs une approche plus intellectuelle que tactile de l'objet...
Comme pour les personnes voyantes, le toucher n'est pas un sens particulièrement exploité dans les établissements spécialisés recevant des enfants aveugles et malvoyants. Les enseignants n'utilisent, bien souvent, ce sens que pour la lecture du braille. Ainsi, les personnes accueillant les groupes d'enfants aveugles et malvoyants au Musée sont surpris de voir soit des enfants effrayés par le contact avec l'objet, soit des enfants utiliser leur toucher de manière désorganisée. Le

toucher d'un objet demande en effet une méthode particulière afin d'être efficace. Le Musée peut ainsi devenir un lieu privilégié pour son apprentissage car il propose aux enfants une découverte tactile d'objets complexes qui excitent leur curiosité.

La plupart du temps, les musées scientifiques n'ont pas été conçus pour accueillir des enfants déficients visuels, et il s'agit de rendre ces lieux accessibles, avec toutes les "contraintes" que pose la transformation d'un lieu existant. C'est le cas du Muséum national d'Histoire naturelle de Paris. Tout d'abord, cet établissement ne présentant que des objets de collection, il fallut obtenir l'accord des conservateurs pour avoir un accès tactile aux objets. Ainsi, nous avons pu mettre en place depuis 1996 de nombreuses visites thématiques basées sur une approche tactile d'animaux naturalisés, de squelettes, de minéraux, de plantes... Ces visites ne sont possibles que sur rendez-vous. Chaque visite est animée par un conférencier qui, outre les explications scientifiques, présente le bâtiment, décrit le contexte de l'exposition et guide les personnes déficientes visuelles dans leur approche tactile des objets. Les enfants aveugles semblent enthousiastes vis-à-vis de ces activités qui leur permettent d'attribuer des images mentales à des noms jusqu'alors vides de sens. Par cette approche, le Muséum atteint un premier objectif, celui de faire connaître concrètement aux enfants comme aux adultes la forme et la texture d'animaux et surtout d'appréhender la diversité du monde vivant.

Les ateliers, au sein desquels sont présentés un grand nombre d'objets pouvant être touchés (squelettes, animaux naturalisés, maquettes...) ont été adaptés avec l'aide des scientifiques. L'adaptation d'activités déjà existantes apparaît essentielle afin de faire partager la même expérience aux enfants non-voyants et aux voyants. Ces ateliers ont l'avantage de donner du sens aux objets car ils illustrent un concept (ex : le lien

entre dentition et les régimes alimentaires, la locomotion...). Ils permettent de découvrir dans un endroit calme, plus propice à la concentration, les informations indispensables à la compréhension des thèmes traités dans l'exposition permanente. Après chaque atelier, une visite dans la Grande Galerie de l'Évolution permet, par une approche tactile des animaux naturalisés, d'utiliser les notions étudiées précédemment (d'Eggis, Girault 1997 [a, b] ; d'Eggis 1998).
En 1998, nous avons fait une évaluation sur les visites tactiles proposées dans la Grande Galerie de l'Évolution (d'Eggis, Lamotte, Lemire 1999). Lors de ces visites les personnes aveugles touchent quinze à vingt spécimens mais ils n'ont pas accès aux indices évoquant les milieux : écrans de télévisions, gravures sur les vitrines... Nous voulions donc savoir si, par cette approche morcelée, les visiteurs non-voyants pouvaient réellement percevoir la diversité des espèces dans la diversité des milieux, thème fondamental de cette exposition. Pour répondre à cette interrogation nous avons établi un questionnaire ouvert s'adressant aux visiteurs déficients visuels. Nous avons procédé par entretiens individuels à la suite des visites guidées. L'analyse que nous avons faite repose sur dix-neuf questionnaires adultes et vingt-trois questionnaires enfants.
Tout d'abord nous avons remarqué chez les personnes aveugles une attention impressionnante et une curiosité constante. Leur enthousiasme ne retombe pas tant qu'il leur est possible de découvrir par le toucher. Leur connaissance de la nature est très approximative n'ayant pas eu comme les voyants, au cours de leur éducation et dans leur environnement culturel, le support des images. Tous notent l'importance du toucher. Les enfants décrivent leur étonnement à propos de la taille des animaux, de leur forme et de leur peau. Les adultes avouent découvrir la vraie taille des animaux qu'ils connaissaient par des maquettes, et confronter leurs acquis antérieurs à la réalité. Les enfants

comme les adultes souhaiteraient toucher davantage d'animaux mais suggèrent pour cela de faire plusieurs visites. Cependant, malgré les explications données par le conférencier à toutes les étapes de la visite, les milieux de vie des animaux ne sont pas toujours perçus et viennent en seconde position loin derrière la découverte des animaux eux-mêmes. À la lumière de ces premiers résultats nous envisageons de modifier la forme de nos animations afin de permettre à ce public de mieux conceptualiser la présentation des objets. Il semble que, pour atteindre cet objectif, il serait souhaitable de proposer des séances sous forme de cycles. Ainsi nous pourrions, sans risquer "l'overdose", répondre à la demande des visiteurs de toucher davantage de spécimens c'est-à-dire favoriser la compréhension de la muséographie. Il faut savoir que la découverte par le toucher est analytique et donc beaucoup plus lente que la perception visuelle.
Alors que dans la formule actuelle, les visites laissent trop peu de temps au discours et ne permettent pas vraiment d'aller au-delà de l'émerveillement et de l'émotion de la découverte tactile des animaux, ces cycles d'animations permettraient aux déficients visuels d'appréhender la biodiversité et de mieux comprendre les phénomènes d'adaptation qui sont notamment traduits par la diversité des organismes dans la diversité des milieux (d'Eggis, Lamotte, Lemire 1999).

3.2.2 L'accueil des personnes ayant une déficience auditive

L'accueil des personnes ayant une déficience auditive est beaucoup plus complexe qu'il n'y paraît et souffre de polémiques encore d'actualité.
En France, la plupart des animations proposées aux enfants sourds par les musées sont en Langue des Signes Française (LSF). Or, peu de sourds et malentendants pratiquent la LSF

car la surdité survient le plus souvent au cours d'une vie. En effet, la minorité de personnes qui utilisent la LSF comme langue principale est une population qui a été pendant plusieurs dizaines d'années complètement mise à l'écart de la culture des entendants. Ainsi, pour rester intégrés dans un monde d'entendants les devenus sourds pratiquent généralement la lecture labiale. La LSF a été déclarée hors la loi au congrès de Milan en 1897 et a été réhabilitée il y a quelques années seulement. Elle n'est pas encore très bien implantée dans les écoles. Si les enfants la parlent souvent dans la cour de récréation, elle n'a pas encore vraiment pénétré les salles de classes où elle est bien souvent ignorée des professeurs. Ainsi, on se trouve face à des niveaux de langue des signes très différents d'une classe à l'autre. Si les musées français ont choisi de se diriger prioritairement vers les sourds qui utilisent la langue des signes, c'est que ce public a été très longtemps marginalisé et il est apparu important de le faire participer à la vie culturelle. Cependant, dans cet élan vers ce public (également lié à une certaine fascination des entendants pour cette langue hors du commun), les musées ont tendance à oublier les enfants qui suivent un enseignement oraliste ou en LPC (langage parlé complété).

En France, contrairement aux autres pays qui utilisent les services d'un interprète pour les animations dans le musée, l'objectif est, depuis une dizaine d'année, de faire intervenir des conférenciers sourds pour animer des conférences en langue des signes. Il y a une dizaine d'années, Guy Bouchauveau, (1991) faisait le constat que les sourds se rendent très rarement dans les Musées ou autres lieux culturels du fait de l'absence de la LSF. *"Des visites avec un interprète ne sont pas satisfaisantes car il faut passer par un intermédiaire entendant qui ne connaît pas la culture sourde"*. Pour lui, *"l'accessibilité pour les sourds passe par le recrutement d'une personne sourde"*. Depuis, les choses ont évolué et Béatrice Derycke (1994), directrice de l'association "Art visuel international des sourds" a créé une formation à l'histoire de l'art en 3 ans pour des personnes sourdes. Huit conférenciers sourds ont été formés et ont fait des recherches pour traduire le vocabulaire de l'histoire de l'art en Langue des Signes Française.

De même, à la Cité des Sciences et de l'Industrie et au Muséum national d'Histoire naturelle, des conférenciers sourds sont formés par des scientifiques sur un contenu précis pour ensuite faire des conférences en LSF. À la Cité des Sciences et de l'Industrie tout un travail a été fait avec une personne sourde et des scientifiques pour mettre en place un vocabulaire adapté et compréhensible par tous. De la même manière, les conférenciers du Muséum national d'Histoire naturelle ont dû faire un travail de recherche de vocabulaire[130] car beaucoup de termes spécifiques aux sciences de la nature n'existent pas en LSF, la langue des signes s'étant considérablement appauvrie durant les années d'interdiction, et de nouveaux termes scientifiques ayant émergé depuis.

Le fait que ce soient des adultes sourds qui fassent la conférence à des enfants sourds peut effectivement contribuer à une mise en confiance des enfants car les notions d'identité et de culture sourde sont très importantes. Guy Bouchauveau (1991) a pu observer que,

> *« des groupes d'élèves sourds, venus avec leur professeur entendant, se montrèrent très vivants et posèrent énormément de questions, à la grande surprise de leurs professeurs qui les trouvaient passifs en classe. [...] Certains élèves, notés comme "mauvais élèves" parce que peu compétents à l'oral, se révèlent vivants et astucieux lorsqu'ils s'expriment en langue*

---

[130] Dans le cadre d'un partenariat avec IVT (International Visual Theatre).

des signes". Guy Bouchauveau souligne que *"les enfants s'identifient souvent pour la première fois à un adulte sourd. Le conférencier sourd donne une image valorisée de l'adulte sourd ».*

Très récemment, des nuances ont été apportées par des personnes malentendantes ou entendantes, ayant appris la langue des signes à l'âge adulte et souhaitant développer l'accueil des enfants sourds ou malentendants. Pour Cécile Fauchard (1999),

> *« le musée, en engageant une personne sourde qu'il va former pour donner des conférences, ouvre aux sourds l'espoir d'entrer sur le marché du travail [...]. Qu'une personne entendante et maîtrisant correctement la langue des signes française donne des conférences concourt ainsi à établir une meilleure relation entre le monde des entendants et celui des sourds ».* Cette optique est partagée par Marie de Ramefort (1999) conférencière entendante faisant des animations en langue des signes.

Outre les animations en langue des signes, il existe de nombreux moyens techniques pour rendre le musée accessible aux personnes sourdes et malentendantes.

> *« L'accueil idéal* (des personnes sourdes) *passe par la réalisation de vidéos sous-titrées et doublées en LSF, par la mise en place de niveaux de lecture adaptés aux sourds dans tous les panneaux et fiches du musée, par la formation du personnel et par l'aménagement des locaux grâce à des supports techniques »* (M.M Bouchauveau et Meyer 1983).

3.2.3 L'accueil des personnes handicapées mentales[131]

Il semble que les publics déficients moteurs et sensoriels (non-voyants et sourds) soient ceux qui entraînent en priorité une dynamique de la part des musées au niveau de la médiation culturelle.
Au contraire, l'accueil des personnes handicapées mentales se fait encore, dans la plupart des musées de manière empirique, sans véritable réflexion de fond pour améliorer l'accueil de ces personnes ; les actions approfondies dans ce domaine ne sont pas encore menées en grand nombre. Pour que les choses changent dans un musée, il suffit parfois simplement qu'une personne s'intéresse à ce public et soutienne un projet avec beaucoup de conviction. La demande peut aussi s'effectuer de l'extérieur, ce qui pousse le personnel du musée à s'impliquer.
Pourtant, si les moyens de médiation sont, en apparence, moins évidents à mettre en place que pour les personnes déficientes visuelles et auditives, la visite au musée peut être un moment très riche et intense pour les personnes handicapées mentales, si certains principes de médiation sont pris en compte. Quelques études expérimentales ont été menées dans les musées, toutes s'appuyant principalement sur l'observation de visites et la prise en compte des appréciations directes des visiteurs.

---

[131] Les termes utilisés pour désigner les personnes ayant une déficience intellectuelle ne faisant pas encore l'objet d'un consensus général en France, par souci d'homogénéité dans le texte nous avons choisi l'appellation "handicap mental" conformément au vocabulaire couramment utilisé (notamment au sein de l'UNAPEI : Union Nationale des Associations de Parents et Amis de Personnes Handicapées Mentales) pour désigner les personnes ayant une déficience intellectuelle.

Anne Pearson et Chitra Aloysius (1994) ont mené une étude sur l'accueil des enfants handicapés mentaux au British Museum (Royaume-Uni). Dans les musées britanniques, le service éducatif (quand il existe) s'occupe essentiellement des groupes scolaires et très peu de ses membres connaissent le handicap mental. Il y a bien quelques expériences sporadiques le plus souvent en réponse à une demande d'une institution mais elles sont rarement évaluées et publiées. L'étude réalisée au British Museum avait pour but d'encourager les enfants handicapés mentaux à venir au musée et d'améliorer la qualité de la pédagogie pour ces enfants.

Le Biodôme de Montréal propose, quant à lui, un programme de visites éducatives (Programme "PAVÉ"[132]) adapté aux élèves ayant différents handicaps, y compris un handicap intellectuel. C'est un programme basé sur des expériences sensorielles et d'exploration, et dont les outils de médiation ont été adaptés pour les enfants ayant une déficience intellectuelle, afin qu'il puissent bénéficier des mêmes connaissances et expériences que d'autres enfants non handicapés.

Le Muséum national d'Histoire naturelle à Paris développe également depuis trois ans l'accueil des personnes handicapées mentales. Pour ce faire, le Muséum a réalisé une étude en collaboration avec l'association Cemaforre[133], basée sur une évaluation des animations habituellement proposées aux personnes handicapées mentales lorsqu'elles viennent spontanément visiter le musée, en vue d'une amélioration des moyens de médiation existants et de la mise en place d'une réelle réflexion d'adaptation en amont. Le résultat de ces évaluations repose à la fois sur l'observation directe de cycles

---

[132] Document non publié.

[133] Association Loi 1901 dont l'objectif est de promouvoir et de développer l'accès des personnes handicapées à la culture.

de "visites-test" impliquant différents groupes de personnes présentant ce handicap, mais aussi sur le point de vue des personnels encadrants (exprimés notamment lors de réunions de bilan régulières) ainsi que sur les réactions et remarques des enfants et adolescents y ayant participé.

Ces études se rejoignent dans la plupart de leurs conclusions (synthétisées ci-dessous), qui pourront peut-être paraître familières à tous ceux qui se sont penchés sur la question de l'approche pédagogique d'un sujet vis-à-vis des publics en général (et en particulier vis-à-vis des enfants). Or il est important de resituer ces éléments dans un contexte de visite avec des personnes handicapées mentales, car leur prise en compte est primordiale pour que l'expérience muséale leur soit bénéfique. On peut même aller plus loin en soulignant que de nombreux aspects de la médiation muséale étudiés pour ces publics en particulier ont enrichi l'expérience muséale "tous publics".

En ce qui concerne l'organisation pratique des visites, il a été constaté la nécessité d'une certaine souplesse : souplesse de l'emploi du temps (contraintes liées aux horaires de prise en charge psychologique, sociale, et médicale au sein des institutions d'accueil...) et souplesse dans le rythme de visite (rythmes de déplacements physiques et de fonctionnement intellectuel très différents au sein d'un même groupe).
En effet, les groupes de personnes présentant un handicap mental sont souvent très hétérogènes (niveaux et acquis scolaires / degrés d'autonomie). La prise en compte de l'hétérogénéité du groupe sera d'autant plus facilitée si elle s'appuie sur un véritable cycle de visites, avec, dans l'idéal, des bilans intermédiaires permettant au conférencier de réajuster son niveau d'intervention en fonction des premiers échanges. Ces cycles de visites (un cycle de trois visites - voire un cycle plus long sur six mois ou un an - semble déjà

être très bénéfique) sont également un bon moyen d'avoir une approche progressive des thèmes abordés.

Nous savons tous que la motivation des visiteurs en général est une des conditions premières essentielles pour qu'ils puissent - dans un premier temps - être un tant soit peu réceptifs à un message - et dans un second temps - arriver à mémoriser ce message.
Quels sont les facteurs pouvant favoriser cette motivation chez ce public ?

Ces personnes en particulier ont un rapport à leur environnement immédiat qui passe essentiellement par le mode de l'affectif. C'est en quelque sorte un "passage clé" pour elles, un pont qui leur permet d'être plus réceptives à une information. Il faut savoir qu'il suffit d'un simple incident tel un accueil trop froid pour qu'une personne handicapée mentale vive mal sa visite au musée et n'ait plus du tout envie d'y revenir. Ce mode de communication affectif est d'autant plus favorisé si les visites ont un sens concret pour ces visiteurs (en les intégrant dans un projet thématique global sur le moyen terme par exemple). Un rapport de confiance mutuel dès le début des visites contribue également de manière essentielle à leur bon déroulement (d'où l'intérêt pour le conférencier, lorsque c'est possible, d'avoir des contacts préalables aux visites avec l'institution d'accueil : encadrants et futurs visiteurs). L'approche ludique ou humoristique d'un sujet est aussi un "plus" (comme les chasses au trésor ou les jeux de rôles déguisés au Biodôme de Montréal par exemple), et permet d'impliquer concrètement les enfants dans la visite en tant qu'acteurs de celle-ci. L'utilisation du potentiel créatif et imaginaire qui est très présent chez ces enfants peut en effet être un formidable tremplin pour l'apprentissage. Soulignons d'ailleurs qu'il est aussi important de se concentrer sur les potentiels positifs de ces enfants que de prendre en compte leurs difficultés cognitives et comportementales.

Au-delà de la question de la motivation et de l'affect, d'autres facteurs liés au handicap devront être pris en compte pour favoriser l'échange et la transmission des messages que le conférencier souhaite faire passer ; en effet, ces personnes peuvent présenter des difficultés dans des domaines de capacité divers : les capacités de concentration, les capacités de communication (expression du langage et compréhension) et de mémorisation, et enfin les capacités d'abstraction.

Les capacités de concentration des participants sont - comme pour bon nombre de visiteurs valides - intimement liées à la motivation qu'auront suscité les visites et leurs préparations. Mais elles seront également optimisées pour ce public si des éléments pratiques sont pris en compte, comme la durée de visite qui ne doit pas être trop longue, ou comme le rythme de communication qui favorisera l'interactivité en alternant questions et discours affirmatif, observation et action, temps de concentration et temps de "détente" et/ou pauses.
L’environnement direct des visiteurs peut avoir une influence non négligeable sur leur concentration. Un lieu très bruyant ou très dense en visiteurs peut donc être très perturbant (à un degré plus important que pour des visiteurs non handicapés). Il peut être intéressant, dans ce cas, d'envisager de faire tout ou une partie de la visite dans une salle d'atelier non loin des salles d'exposition (comme la formule des ateliers du Muséum national d'Histoire naturelle qui comprend 1/2 heure en atelier et 1/2 heure dans les salles d'exposition).

Les capacités de communication, de compréhension et de mémorisation de ces personnes seront grandement favorisées par une certaine simplification du vocabulaire (qui n'exclut pas l'utilisation de mots plus complexes - si judicieusement expliqués), une adaptation de la syntaxe grammaticale (pas de phrases à rallonge...), l'utilisation d'indices gestuels (supports du "verbal") lors d'explications, l'utilisation de supports visuels explicites (notamment sous forme d'images ou de dessins assez simples, voire de pictogrammes, de plus en plus utilisés au sein des institutions d'accueil), et enfin la possibilité de toucher et de manipuler des objets, qui favorise leur appropriation cognitive par le visiteur. L'appropriation cognitive des concepts de visite sera elle aussi facilitée s'il est donné au visiteur l'opportunité et le temps de reformuler avec ses propres mots ce qu'il a compris, voire d'exprimer lui-même verbalement les différentes étapes de formulation de sa pensée (prise en compte de la lenteur des réactions et des actions, et prise en compte de la difficulté pour ces visiteurs d'intérioriser de manière logique un raisonnement cognitif comportant plusieurs étapes de raisonnement – cette verbalisation favorisant la structuration du raisonnement mais également sa mémorisation).

Il faut insister sur l'aspect concret des concepts et messages clés à faire passer (penser à utiliser des comparaisons visuelles et verbales simples, ainsi que la déduction par observation directe). Le contenu devra faire référence si possible à des éléments liés à la vie quotidienne des visiteurs (ce qui facilite leur capacité à "raccrocher" de nouveaux concepts à leurs pré-acquis). Les concepts ou messages clés ne doivent pas être trop nombreux dans une même visite, une accumulation trop grande de concepts dans un laps de temps donné ne favorisant ni la compréhension globale des messages, ni leur mémorisation. C'est d'ailleurs pourquoi l'approche thématique par cycles de visites est particulièrement appropriée pour ce type de public, permettant ainsi de bien expliquer un ou deux concepts lors d'une visite, de prévoir de nombreuses étapes de récapitulation des éléments abordés, et d'étaler l'approche d'une thématique particulière sur deux ou trois visites, voire sur plusieurs mois ou années consécutifs.

De manière générale, lorsque nous préconisons de simplifier, d'expliquer ou de décomposer des concepts trop abstraits, nous n'excluons pas le fait d'aborder des notions scientifiques ou muséographiques qui pourraient a priori paraître inabordables. Il ne faut jamais oublier que les visiteurs présentant des difficultés mentales ou psychiques sont des visiteurs qui ont le droit d'être divertis, informés, formés et respectés, au même titre que tout autre visiteur souhaitant découvrir le musée dans tous ses aspects. Au cours du projet au Muséum national d'Histoire naturelle, certains visiteurs ont spontanément montré un fort intérêt pour l'approche muséographique, historique ou temporelle des collections. C'est bien évidemment de la manière dont cette approche sera faite dont dépendra la possibilité de transmettre des messages de manière plus ou moins efficace.

Lors du projet d'adaptation pour ces publics des visites au Muséum national d'Histoire naturelle, suite aux "visites-test", plusieurs réunions de bilan ont été organisées entre "acteurs" du musée, enseignants et éducateurs des institutions d'accueil concernées. Parmi les diverses thématiques abordées lors de ces bilans, certains éléments intéressants en sont ressortis, concernant notamment l'impact des visites sur la vie et le comportement des visiteurs, leur vie de groupe ou individuelle, en dehors ou dans l'institution. L'étude de Anne Pearson et Chitra Aloysius (1994) au British Museum fait également apparaître les énormes bénéfices dont ont profité les enfants ayant participé au projet. Au regard de ces deux expériences, certains éléments essentiels, cités ci-dessous, ressortent.

Les visites au musée jouent, aux yeux des éducateurs et enseignants spécialisés, un rôle non-négligeable dans l'apprentissage social des enfants (savoir être).
Cet apprentissage social s'effectue à travers la découverte d'un nouveau lieu, avec toutes les difficultés que cela peut impliquer (transports en commun, aborder des personnes étrangères et faire leur connaissance, savoir ce qu'il y a dans ce lieu et pourquoi...).
Cet apprentissage se traduit également par l'observation et l'application de règles plus particulières de vie en communauté, et notamment par une acquisition progressive des règles du temps de parole.
De même, lors d'un cycle de visites, la possibilité de "se projeter d'une fois sur l'autre" et d'identifier un fil directeur entre les visites d'un même cycle favorise la motivation (implication dans un réel projet) et le travail de la mémoire.
Les principes didactiques du rapport visiteur/objet et visiteur/musée sont par ailleurs l'occasion d'une acquisition progressive des règles de l'observation et de la reconnaissance visuelle (observer, identifier, localiser l'information, décrire, comparer...). Cette acquisition d'un savoir-faire particulier, potentiellement transposé dans d'autres environnements de l'enfant, constitue également pour les éducateurs un atout majeur dans l'amélioration de la concentration des enfants et dans l'apprentissage global de l'observation.

Au-delà des conséquences individuelles liées au savoir-être et au savoir-faire des enfants, les retombées positives sur la vie quotidienne et éducative au sein même de l'institution sont considérables, surtout lorsque les cycles de visites sont inclus dans un projet global sur le moyen ou long terme.
La préparation des visites représente une bonne occasion de création d'une dynamique nouvelle et de stimulation de la motivation des groupes autour d'un projet commun. Elle

développe l'esprit d'initiative des enfants (par exemple : recherche autonome de documents liés aux thèmes de visite) et encourage la création de liens entre les différents ateliers et classes au sein même de l'institution.
Certains groupes étant venus au Muséum ont aussi eu la possibilité de travailler, durant toute la durée des cycles, sur des projets concrets comme la création d'un journal illustré. Ce travail est positif sur bien des aspects : développement du travail collectif mais également de l'autonomie ou de la semi-autonomie des enfants, possibilité de développer la liberté d'expression et de création des enfants tout en les maintenant dans un cadre bien défini, travail concret faisant appel à la fois à l'image et au texte, travail sur la mémoire (souvenir des visites et retranscription de ces souvenirs sur un support)...
Au Biodôme de Montréal, c'est un petit livret ou "passeport" qui constitue le fil directeur concret des visites pour les enfants, qui peuvent y apposer leurs propres appréciations (à l'aide de pictogrammes simplifiés d'expressions faciales) en face des pages correspondant aux différentes étapes de leur cycle de visites.
Au Muséum, l'intérêt que les visites suscitent chez les enfants va parfois jusqu'à faire émerger des désirs non exprimés chez les enfants concernant des activités au sein de l'institution (par exemple ateliers sur les animaux ou sur la botanique auxquels certains enfants refusaient de participer... jusqu'à ce qu'ils découvrent ces domaines dans un autre contexte, celui du musée).

Les bénéfices psychologiques de ces projets de visites ne sont pas négligeables. Non seulement ces visites encouragent l'enfant à avoir une plus grande confiance en ses capacités (le regard du conférencier n'ayant pas autant, aux yeux de l'enfant, le rôle de "juge" de ce qu'il va dire ou ne pas dire), mais elles modifient également le regard de l'enseignant sur les enfants, ces derniers laissant souvent s'exprimer au musée

un potentiel qu'ils n'avaient pas eu l'opportunité de montrer au sein de l'institution (pour des raisons psychologiques diverses).
L'on peut noter que la modification du regard vis-à-vis de "l'autre" intervient souvent également pour les acteurs de musée impliqués dans les visites : aborder des thématiques connues sous un autre œil et pour un public "différent" peut susciter chez un conférencier par exemple une nouvelle dynamique d'implication dans son travail.

Enfin, les enfants semblent avoir acquis une part du contenu qui leur avait été exposé au musée. Il est difficile d'évaluer très précisément, sur une période donnée après les visites au musée, quels sont les aspects de contenu ayant été réellement retenus par les enfants ayant une déficience intellectuelle, leur mémoire étant aléatoire (par exemple, un enfant pourra très bien sembler avoir oublié une notion un mois après la dernière visite, et évoquer cette notion de nouveau un an après, lorsqu'un élément parfois insignifiant aura déclenché ce souvenir). D'autre part, nous sommes confrontés avec certains enfants au problème du décalage entre la richesse des éléments mémorisés et leurs difficultés dans le domaine de l'expression verbale.
Ce que nous pouvons du moins constater, suite à des entretiens consécutifs aux visites avec les enfants eux-mêmes et avec les éducateurs, ce sont les types de connaissances retenues à court terme lors de cycles de visites proposées. Au Muséum national d'Histoire naturelle de Paris par exemple, nous avons constaté qu'il y avait eu une certaine compréhension, voire une acquisition de certaines notions importantes en rapport avec les thématiques abordées (taxidermie, chaîne alimentaire : prédateurs/proies, camouflage, herbivore/carnivores).
La sensibilisation à la notion de musée est souvent constatée, ainsi que la stimulation du potentiel imaginaire des enfants

(qui est souvent très présent, parfois plus que chez les enfants n'ayant pas de handicap).

Au Royaume-Uni, les personnels des musées sont de plus en plus convaincus que le travail de mise en accessibilité à destination des personnes handicapées mentales permet de rendre les musées également plus accessibles à tous, et notamment aux personnes analphabètes ou celles pour qui l'anglais n'est pas la première langue.
L'Intellectual Access Trust (INTACT) a été fondé en 1995 pour faire reconnaître les spécificités du public handicapé mental et pour développer une prise de conscience de l'importance sociale, éducative, culturelle et économique des expositions, musées, galeries ou lieux historiques pour les personnes ayant des problèmes de compréhension ou de communication. Ce travail a fait l'objet d'une importante publication : "Access in mind toward the inclusive museum", écrit par Ann Rayner (1998).
L'un des éléments de cette recherche qui a été mis en avant est la nécessité de consulter les personnes handicapées mentales lorsque l'on monte un projet qui leur est adressé. Or, le fait de consulter les personnes handicapées mentales prend beaucoup de temps. En effet, les rencontres dépendent des disponibilités du personnel encadrant et des possibilités de transport. De plus les personnes handicapées mentales n'ont pas l'habitude qu'on leur demande leurs opinions. Elles ont besoin de se sentir acceptées avant de pouvoir s'exprimer.
Lors de la programmation et la mise en place des expositions juste avant son ouverture, le service d'accessibilité de la Cité des Sciences et de l'Industrie (CSI) a pris en compte les remarques de personnes ayant un handicap mental et depuis, elle applique des mesures concrètes en direction de ces publics :

> *« Des actions de sensibilisation sont organisées pour inciter les responsables de groupes et les familles à*

utiliser les possibilités de la CSI. Des conseils pour organiser les visites et éventuellement de l'aide pour les préparer sont fournis à la demande. Il est demandé à une personne accompagnant le groupe de participer à une session de formation. Ceci permet de s'orienter dans les différents espaces de la CSI et d'en découvrir toutes les ressources ; de rencontrer les conférenciers qui prendront en charge le groupe (afin de mieux cerner, avec eux, les attentes et les besoins du groupe), mais également de pouvoir gérer les séquences libres dans la cité ».

3.3. L'accessibilité universelle

Que ce soit pour les publics ayant un handicap mental ou tout autre handicap, nous avons pu constater que les efforts d'adaptation des outils de médiation profitent finalement à l'ensemble des publics.
Pour Janice Majewski (1998), responsable de l'accessibilité à la Smithsonian Institution, il faut *"intégrer l'accès sensoriel et cognitif dans le processus général de développement de l'exposition »* et *« rendre le contenu de l'exposition accessible à tous. C'est ce que l'Americans with Disabilities Act (ADA) appelle la communication effective »*. Cette « communication effective » implique une mobilisation de l'ensemble des acteurs du musée (directeurs, conservateurs, muséologues, muséographes, éducateurs, services de maintenance, ...) sur l'accessibilité à tous les publics, y compris les personnes handicapées. Tout le monde doit accepter qu'il puisse y avoir plusieurs lectures de l'exposition, et non pas juste une seule. *« Une exposition avec plusieurs entrées qui propose des expériences multisensorielles permettra à tous les publics de comprendre et d'apprendre »*.

Marie-Laure Las Vergnas (1998) rappelle que la notion qui doit être développée dans les musées est celle « d'accessibilité universelle »,

> *« c'est-à-dire comment le fait de mettre en œuvre une muséologie diversifiée qui prend en compte des visiteurs particuliers permet finalement de proposer des expositions dans lesquelles chaque visiteur trouve plus de supports pour mettre en œuvre sa stratégie cognitive particulière, mieux accéder aux messages de l'exposition et les intégrer ».*

Ann Rayner (1998) rappelle quelques exemples de dispositifs dans le cadre de « l'accessibilité pour tous ». Les rampes et les ascenseurs réduisent les accidents et peuvent être utilisés par les poussettes. Les cartels en gros caractères contrastés offrent un confort pour tous. Le sous-titrage des films sert aux étrangers et permet aux enfants de développer leur habileté à lire. Les objets accessibles d'un fauteuil roulant le sont aussi pour les enfants et les adultes de petite taille. De plus, en accueillant les personnes handicapées, on reçoit aussi leurs parents, amis... Ainsi, même si les dépenses que nécessite l'accessibilité sont importantes, les musées peuvent s'y retrouver en termes de fréquentation.
Cet aspect permet de remettre en question l'opinion de tous ceux pour qui l'accès des personnes handicapées aux bâtiments et aux expositions représente un surcoût insurmontable et inutile pour une "si petite partie de la population".

Conclusion

De nombreuses personnes mènent des réflexions sur l'accueil des publics spécifiques dans les musées. Un nombre très important d'articles et d'ouvrages existent sur cette question (cette synthèse est loin d'être exhaustive). Beaucoup de réponses très encourageantes ont été trouvées. Ces réponses à la problématique de l'accueil des personnes handicapées dans les musées se retrouvent de manière relativement similaire d'un pays à l'autre (avec quelques différences d'ordre culturel). De nombreuses expériences ont été faites et même si elles n'ont pas toujours été évaluées, elles font ressortir les grandes règles à respecter en ce qui concerne l'accessibilité. Malgré ce bilan positif, il est important de souligner que globalement, il reste encore beaucoup de musées qui ne se soucient pas réellement de l'accueil des personnes handicapées dans sa globalité, et dès la conception d'un projet. Selon Raj Kaushik (1999)[134], le monde des musées a encore un long chemin à parcourir pour offrir un environnement accueillant aux personnes handicapées. Selon lui, même si il est maintenant politiquement correct de donner l'égalité des chances pour tous, la personne handicapée est toujours vue, historiquement et culturellement comme une personne déficiente.

> *« Après trente ans de travail dans ce domaine, les musées mettent de plus en plus en avant leur possibilité d'accueil des personnes handicapées et l'on pourrait croire que l'objectif est atteint : offrir les mêmes chances à tous les visiteurs. Mais, le personnel des musées fait le minimum qui lui soit demandé ».*

Quand ils mettent en place leurs activités, les musées sont souvent étonnés que les personnes handicapées ne se bousculent pas à leur porte. Selon Robert Pickles (1993), il y

---

[134] Raj Kaushik a été pendant 5 ans Conservateur au Conseil National des musées de sciences de l'Inde. En 1992, il a rejoint le département de muséologie de l'université de Leicester et depuis 1996, il est Directeur des expositions du Discovery Centre d'Halifax (Canada) où il est chargé de la conception, de l'organisation et de l'installation des expositions.

a pour cela plusieurs raisons : ces personnes sont le plus souvent dépendantes des transports qui, eux, bien souvent, ne sont pas adaptés. D'autre part, il n'existe pas toujours une information claire, fournie par le musée, sur la façon dont elles vont être accueillies et ce qu'elles vont trouver au musée. *« Il est nécessaire d'inclure les facilités d'accès pour les personnes handicapées dans les guides et les documents du Musée. De plus, les personnes handicapées, dont personne ne s'occupait jusqu'à présent, n'ont pas l'habitude de venir au musée et il faut, pour les attirer, des moyens d'information spécifiques ».*

En effet, les personnes handicapées pensent souvent qu'elles n'ont pas leur place dans un musée. Il y a chez elles des barrières psychologiques liées au handicap et amplifiées par lui. Tout d'abord, la difficulté dans leur esprit d'accéder au monde de la culture, mais aussi la peur des préjugés des personnes valides. Pour que cela change, il appartient aux professionnels des musées d'aider les personnes handicapées à surmonter leurs peurs et leurs à priori. Tout doit être mis en place pour que les musées leur soient accessibles.

Pour que les musées développent ou continuent à développer des actions en faveur des personnes handicapées, il est indispensable que le système scolaire spécialisé se mobilise pour exiger des visites adaptées et surtout pour profiter des animations quand elles existent. Cependant, plusieurs obstacles se dressent entre le musée et les enfants en difficulté.

Le problème de l'emploi du temps semble être le principal frein à la venue au Musée. En effet, les enfants handicapés doivent suivre le même programme que les autres et ceci malgré les nombreuses difficultés liées au handicap : problème de lecture lié au handicap auditif, problèmes d'accès aux ouvrages scientifiques pour les enfants handicapés visuels... À ces difficultés nécessitant un important travail de mise à niveau, s'ajoutent les heures de rééducation et de suivi psychologique. Ainsi, on comprend aisément pourquoi, trop souvent, la visite au musée semble difficile à intégrer de manière régulière dans un programme scolaire. Les enseignants manquent souvent d'une information précise sur ce que la visite au musée peut apporter à leurs élèves. De plus, le système d'enseignement spécialisé, très diversifié, souhaite parfois trouver au musée des réponses adaptées à chaque cas particulier, voire à chaque enfant, alors que l'offre du musée, bien qu'elle prenne en compte les différents handicaps, est généralement proposée à des groupes et ne peut pas toujours tenir compte de problématiques trop individuelles. Enfin, le tarif des visites est souvent un obstacle à la venue des enfants handicapés dans les musées. En effet, les classes spécialisées ont souvent un très petit effectif et le tarif des animations appliqué aux classes de 25/30 élèves peut difficilement être applicable pour de petits groupes. Il est impératif que les musées étudient leurs tarifs pour pouvoir accueillir ce type de groupe ou pour être en mesure d'offrir les meilleures conditions de découverte à un enfant intégré sans un surcoût pour la classe. À tout ceci s'ajoutent les contraintes d'accompagnement et de transport.

Ces problèmes qui se posent aux établissements scolaires sont parfois un frein au développement d'animations spécifiques qui demandent des moyens financiers et humains relativement lourds.

Pascal Dreyer (1997) soulève un autre problème que rencontrent les musées qui souhaitent s'ouvrir aux personnes handicapées :

> *"le monde associatif est très peu sensibilisé à la dimension culturelle de la vie de la personne handicapée, et c'est une des raisons essentielles de la difficulté d'accès au musée. Les parents sont submergés depuis la naissance de leur enfant handicapé par des*

questions pratiques, médicales qui font qu 'il n'y a pas de place pour envisager une vie culturelle ».

Pour que l'accueil des enfants dans les musées scientifiques continue à se développer, il faut donc :
- continuer à développer chez les responsables de musées la conscience de la nécessité de s'ouvrir à ces publics, et l'intérêt que peut représenter la "mise en accessibilité" pour tous les publics en général
- dynamiser la demande de la part des institutions scolaires et médico-sociales afin que la visite du musée devienne une pratique culturelle courante et puisse même être une part intégrante des projets collectifs et individuels des institutions concernées
- créer des opportunités de formation et d'échange d'expériences pour le personnel en charge des programmes d'éducation spécialisés ou adaptés.

L'accueil des enfants handicapés permet aux musées de mener une réflexion sur les moyens d'accéder aux collections et aux messages qu'elles véhiculent. En allant au-delà de l'approche uniquement visuelle (contemplation et lecture des cartels), les musées doivent s'interroger sur les procédés d'apprentissage des personnes qui n'ont pas accès à une approche complète du musée suite à des problèmes de vision, d'audition ou de compréhension intellectuelle. De cette manière, le musée devient plus accessible à tous les publics et en particulier aux enfants en difficulté scolaire.
Les musées ne sont plus uniquement destinés à une élite culturelle et intellectuelle. Or, pour que cette démocratisation de la culture soit palpable, il faut aller plus loin en inscrivant la mise en accessibilité du musée dans une véritable politique globale de "confort" de visite pour tous, mais aussi diversifier les méthodologies d'approches pédagogiques et culturelles afin qu'elles soit adaptées aux besoins de chacun.

Bibliographie

Beckary S., (1996) Une classe culturelle pour les jeunes handicapés visuels *in* La lettre de l'OCIM 48, pp. 21-23.

Bouchauveau G. et M. Meyer, (1983) Handicap et musées, *in* Communiquer n° 69.

Bouchauveau G., (1991) L'accueil des sourds à la Cité des sciences et de l'industrie de la Villette *in* Des Musées ouverts à tous les sens, mieux accueillir les personnes handicapées. Acte du colloque des 7 et 8 décembre 1988, Fondation de France/ICOM, Paris.

Coulon C., (1996) Musées et handicap mental, mémoire de muséologie de l'école du Louvre, 55 p.

D'Eggis S., Lamotte C., Lemire F., (1999) Le Muséum au bout des doigts *in* Acte du colloque "des expositions scientifiques à l'action culturelle, des collections pour quoi faire ?". Girault Y. (coord), pp. 174-184, 280 p, Paris.

D'Eggis S., (1998) L'accueil des personnes handicapées sensorielles au Muséum national d'Histoire naturelle *in* La lettre de l'OCIM, n° 58., pp. 11-16.

D'Eggis S. et Girault Y., (1997, a) Une politique d'accueil des personnes handicapées visuelles et auditives *in* Musées et collections publique de France, n° 214, 1., pp. 41-42.

D'Eggis S. et Girault Y., (1997, b) L'accueil de tous *in* Argos, n° 20.

Delin A., (1997) Everybody shout now *in* Museums Journal, August.

De Ramefort M., (1999) Quand le geste prend la parole *in* La lettre de l'OCIM N° 62, pp. 15-17.

Derycke B., (1994) Des conférenciers sourds dans les musées français *in* Museum International 46(4), pp. 48-50.

Des Musées ouverts à tous les sens, mieux accueillir les personnes handicapées (1991) - Acte du colloque des 7 et 8 décembre 1988, Fondation de France/ICOM, Paris.

Disability directory for museums and galleries (2001) – Resource : The Council for Museums, Archives and Libraries.

Dreyer P. (sous la direction de), (1997) Créer, recréer le musée. Mémoire, patrimoine et création : la place et le rôle des personnes handicapées dans les musées. Actes du colloque des 21-22-23 juin 1995, Handicap International, 1997.

Dufreney F. et Dreyer P. (sous la direction de), (1994) Au bonheur des enfants, manuel à l'intention des conservateurs et des services d'action culturelle des musées, Handicap International.

Fauchard C., (1999) Éduquer et socialiser les enfants sourds par le musée *in* La lettre de l'OCIM, N°63., pp. 35-41.

Galico A., (2000) La nature au bout des sens, *in* Emotion, le bulletin de l'association l'Art au-delà du regard, n° 3.

Galico A., (1998) Le public des déficients visuels et sa prise en compte dans la préparation d'une exposition sur le thème de la diversité du monde vivant au musée zoologique de

Strasbourg, Mémoire de maîtrise MECADOCTE, Université de Haute-Alsace.

Gilbert C., (1999) Les musées ouvrent leurs portes à tous les publics *in* Espace 161.

Gilbert C. et Sanchez J., (1997) L'accessibilité des musées en France *in* "Recevoir les handicapées", Musées et collections publiques de France, n° 214., pp. 6-7.

Gonthier E., (1992) Un discours d'exposition et son adaptation pour les déficients visuels *in* bulletin de liaison CNDP et CRDP n°4 et 5.

Join-Lambert S., (1997) Toucher pour savoir, de la pierre brute à la pierre sculptée. Un réseau de musées dans la ville *in* Recevoir les handicapées, Musées et collections publiques de France, n°214., pp. 58-60.

Kaushik R., (1999) Accès refusé : pouvons nous surmonter nos attitudes handicapantes ? *in* Museum International n° 203 (volume 51, n° 3).

L'accessibilité universelle du Biodôme de Montréal aux personnes handicapées, (1991) - Rapport du comité aviseur sur l'accessibilité universelle du Biôdome de Montréal aux personnes handicapées.

Las Vergnas M-L., (1998) Présentation de l'accessibilité de la Cité des Sciences et de l'Industrie (document interne).

Le Musée sort de sa réserve, (1993) - actes de la journée d'information sur l'accueil des personnes handicapées dans les musées du 11 mai 1993, Handicap International.

McGinnis R., (1998) The Disability Discrimination Act : 1998 Update.

McGinnis R., (1997) - The DDA : Duty or opportunity *in* Museum Practice n° 5, p. 11.

Majewski J., (1998) The expanding definition of diversity : accessibility and disability culture issues in museum exhibition *in* Curator 41/3, pp. 153-160.

Martin D., (2002) Something for everyone *in* Museum Practice, Issue 19, p 11.

Middlebrooks S., (1997) Accessible practices : A report from the field in ASTC Newsletter, pp. 4-5.

Mormiche, P., (2000) Le handicap se conjugue au pluriel, *in* INSEE Première, n°742, Division des Enquêtes et études démographiques, Groupe de Projet HID (Handicaps-Incapacités-Dépendances).

Pearson A. et Aloysius C. (1994) Museums and children with learning difficulties : the big foot.

Pickles R., (1993) Action and access for disabled people : the work of disability scotland in Scottish Museum News 9 (2), pp. 18-19.

Rayner A., (1998) Access *in* mind, toward the inclusive museum, the intellectual access trust, Royal Museum, Edinburgh.

Ribemont F. et Gilbert C., (1990) La direction des musées de France et les personnes handicapées, bilan et perspectives.

REMERCIEMENTS

◊ Conception et réalisation de la maquette de la couverture : Dominique Brémond

◊ Réalisation P.A.O. : Florence Labalette

◊ Photographies de couverture copyright Muséum : service audiovisuel / MNHN et NAUSICÄ

511545 - Décembre 2012
Achevé d'imprimer par
1livre.com

Made in United States
Orlando, FL
04 November 2026

90204523R00164